如何突破人生困局

李松仁◎编著

人生处处有困局，要想成为生活的强者，
就必须学会从困局中破茧而出，从而令生活质量迈上一个更高的台阶。
身处困局，一味地妥协肯定不可取，但一味地抗争也未必高明。
不同的困局需要用不同的应对之术。

吉林出版集团股份有限公司

图书在版编目（CIP）数据

如何突破人生困局 / 李松仁编著. —长春：吉林
出版集团股份有限公司, 2018.6
ISBN 978-7-5581-5066-1

Ⅰ.①如… Ⅱ.①李… Ⅲ.①成功心理－通俗读物
Ⅳ.①B848.4-49

中国版本图书馆CIP数据核字(2018)第099323号

如何突破人生困局

编　　著	李松仁	
总 策 划	马泳水	
责任编辑	王　平　史俊南	
封面设计	中易汇海	
开　　本	880mm×1230mm　1/32	
印　　张	8.5	
版　　次	2019年3月第1版	
印　　次	2022年10月第2次印刷	

出　　版	吉林出版集团股份有限公司
电　　话	（总编办）010-63109269
	（发行部）010-67482953
印　　刷	三河市元兴印务有限公司

ISBN 978-7-5581-5066-1　　　　定　价：38.00元

FOREWORD 前言

生活中的细节和习惯，会因为心态而改变我们的人生。

我们努力地行走、奔跑，为了更好地生活。然而，世界是丰富的，有许多东西令人满意，也有许多东西令人讨厌。不管我们愿不愿意接受，两者都会如期而至。在人们前进的路上，有人被事业所困，有人被爱情所困，有人被家庭所困，有人被健康所困……而且，一个困局解决了，又有新的困局来临，连绵不断，无止无休。

谭嗣同曾经说过："人生世间，天必有困之：以天下事困圣贤困英雄，以道德文章困士人，以功名困仕宦，以货利困商贾，以衣食困庸夫。"也许，这就是真实的人生。

人生的风雨是立世的训喻，生活的困局是人生的老师。托尔斯泰、达尔文、牛顿、范仲淹等知名人士都经历坎坷，他们一路走过，最终战胜恶劣的处境，拥有辉煌的人生。

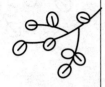

FOREWORD

前言

无论是强者还是弱者，都不能和困局绝缘。困局是一块试金石，困局是一剂清醒药。强者在困局中破茧成蝶，弱者在困局中沉沦败落。

人生处处有困局，要想做生活的强者，就必须学会从困局中破茧而出，从而令生活质量迈上一个更高的台阶。

身处困局，一味地妥协肯定不可取，但一味地抗争也未必高明。因为有的困局只是分娩时的阵痛，你的妥协会造成"胎死腹中"的严重恶果；而有的困局是一盏红灯，明确地警告你此路不通，你强行闯关的后果会很严重。不同的困局需要用不同的应对之术。

如果你正身处困局，请打开本书。相信你在阅读之后，会有眼前一亮的感觉。

编　者

CONTENT 目录

第三章　冲破职场桎梏

第四章　突破困局，借助他人的力量

第五章　化解内外情感的困惑

第六章　人生有时要"接受你所不能改变的"

在困局中寻找希望

第一章 | 在困局中寻找希望

人身处困局并不可怕，可怕的是失去进取的勇气。当一个打击扑面而来时，我们本能的反抗心理可能会给予我们勇气。然而，当一个又一个打击接踵而至时，不少人高昂的斗志在一点一点消融……

对于人生，可以确定的是，每个人都曾遇到过令人难以应付甚至感觉无从下手的困境，有些人会利用人生的困境使自己成长，有些人会在困境中潦倒一生。决定两者之间差异的主要是如何看待人生，如何在困境中找到希望。

困局如火，烧过草原，但倔强的小草在来年春天会在灰烬中重生，并且因灰烬的滋养而更加茂盛。

让自己在困局中看到希望

失恋了，有人会说"没有什么比现在更糟糕的了"；被炒鱿鱼了，有人会说"没有什么比现在更糟糕的了"；甚至于不慎丢失了手机，也会有人说"没有什么比现在更糟糕的了"。事实真的是这样吗？

你现在不妨仔细想想，从小到大从你的口里或心里说过多少次"没有什么比现在更糟糕了"：儿童时失手打碎了邻居家的花瓶，少年时考试未及格，年轻时和初恋的爱人分手……这些类似的事情，在当时你的眼里也许都是一件件糟糕透顶的事。你为此焦虑、悲伤，甚至痛不欲生。时过境迁，你还会认为那些事情"糟糕透顶"吗？

5岁那年的一天，我到一间无人住的破庙里去玩。当我爬到高高的窗台掏鸟窝时，竟发现鸟窝中盘着一条吐着红信的蛇。我吓得从窗台上掉了下来，将手臂摔断，还失去了左手的一根小指。

我当时吓呆了，以为今生完了。但是后来身体痊愈，也就再没为这事烦恼。现在，我几乎从没想到左手只有四根手指。

几年前，我在广州遇到一个开电梯的工人，他在事故中失去了左臂。我问他是否感到不便，他说："只有在缝针的时候才感觉到。"

别以为我们只有在年少时才会把"芝麻大"的事儿当成天大的事情。成年人也经常会自我夸大失败和失望，以为那些事都非常要紧，以至于每次都好像到了生死关头。然而，许多年过去后，回头再看，我们自己也会忍不住笑自己，为什么当初竟把小事看得那么重要呢？时间是治疗挫折感的方式之一，只有学会积极地面对困局，才能避免长时间漫长而痛苦的恢复过程，并且能使这个过程变成一段享受的时光。

兰兰爱上了英俊潇洒的张先生，她确信找到了自己的白马王子。可是有一天晚上，张先生婉转地对兰兰说，他只是把她当作妹妹。妹妹？兰兰听了这句话，心里以张先生为中心构想的爱情大厦顷刻土崩瓦解了。那天夜里，兰兰在卧室哭了整整一夜，她甚至感到整个世界都失去了意义。但是，随着时光流逝，爱情的创伤在她心中慢慢地结痂，只是触及时还会有一些隐痛。兰兰隐约感觉将来会有另一个人成为她的白马王子。果然，一个更适合她的小伙子来了，他们结婚生子，生活得非常快乐。但是，有一天，从丈夫那里得到一个坏消息：他把投资做生意的钱赔掉了。兰兰想：这次可糟了，今后一家人的生活将怎样维持呢？这时，她听到了屋外孩子玩耍发出的兴奋的喊叫，她扭头看去，正好看到孩子冲她笑着。孩子灿烂的笑容使她立刻意识到，一切都会过去，没有什么要紧的。于是，她又打起精神来和家人渡过了那个难关。她说："人生在世，有许多要紧的事情，也有许多使我们的平和心情和快乐受到威胁的事情，冷静地想一想，实际上这一切也许都是不要紧的，或者不像我们所想象的那样要紧。"

说"不要紧"不是要使自己变得麻木不仁，对困局无动于衷，而是要你冷静与从容起来，从而变得更敏锐、更智慧，使自己在困局中看到希望，享受到爱。

身处困局要鼓起勇气

人身处困局并不可怕，可怕的是失去进取的勇气。当一个打击扑面而来时，我们本能的反抗心理可能会给予我们勇气。然而，当一个又一个打击接踵而至时，不少人高昂的斗志会一点一点消融……

风风雨雨，人生路上，几番吹打，几番迷茫，几番行色匆匆。

年轻的生命，就像春天的草木，抱着理想，抱着希望，洋溢着青春的活力。只是由于经验不足，还不大能经得起风雨的考验。

试想，要是自然界没有风雨，也许所有树木都是软木质的；要是生活中没有坎坷、挫折，任何人都不会拥有刚强的性格。正是风雨，培育了大树；正是坎坷、挫折，造就了堪当重任的强者。

透过风雨中迷蒙的雾霭，方能看得到成功和幸福的光芒在那里闪烁。人生的风雨其实是一种跋涉于泥淖之中的境遇。

车尔尼雪夫斯基曾说过："历史的道路不是涅瓦大街上的人行道，它完全是在田野中前进的，有时穿过尘埃，有时穿过泥泞，有时横渡沼泽，有时行经丛林。"人的生活道路也并不总是洒满阳光、充满诗意的，常常也会遇上沼泽、寒风或面临荆棘丛生的小道。一时陷入困境，应该是现代人生的一个必修课题。或屡考大学不就，招来周围人的闲言碎语；或呻吟于床褥，病魔缠身，陷在深深的孤独之中；或思改前笤，奋力向前，不仅不为人所理解，反遭冷落挖苦；或身遭陷害，命运莫测，受尽委屈……

没有人能给生活贴上永久顺利的标签，但面对困境的选择却依然殊异。懦弱者尽尝烦恼，度日如年；畏难者磨去锐气，萎靡不振；有志者自强不息，在困境的荒野上开垦孕育价值的沃土。

困境吞噬意志薄弱的失败者，而常常造就毅力超群的成功者。司马迁"出于粪土之中而不敌"，发愤著书，终于写成《史记》这样的旷古之作。贝多芬的数部交响曲，都是由对事业追求不息的生命支撑点谱写而成。丹麦的安徒生一贫如洗，全家睡在一个搁棺材的木架上，常常流浪在哥本哈根的街头巷尾，却成为世界文坛的名流豪杰。英国物理学家法拉第出身贫寒，当过学徒卖过报，吃了上顿缺下顿，却百折不挠，创立了电磁感应定律，为人类敲开了电气时代的大门。

逆境并非绝境，在人类历史的长河中，具有"坦途在前，人又何必因为一点小障碍而不走路"这样的豪迈气派，为科学和文明做出贡献的前驱者可谓满目皆是，翻览即见。

自然界有时给人生提供生动的启示，它仿佛一位饱经沧桑的哲人，为人们指点人生的迷津。马尔藤博士曾这样说，在风平浪静的湖面上荡舟，用不着多少划船技巧和航行经验。只有当海洋被暴风雨激怒，浊浪排空，怒涛澎湃，船只面临灭顶之灾，船中人相顾失色、惊恐万状之时，船长的航海能力才能被试验出来。

当你处于经济窘迫、生活步履维艰、事业惨淡无光之时，你才会接受考验：你是一个懦夫，还是一个勇敢坚毅的英雄？

历史上几乎所有的英雄豪杰都是在暴风骤雨的时代涌现出来的。大凡一个杰出的人物，都产生于重重的磨难里，产生在十分恶劣的人生境况之下。

人生的风雨是立世的训喻，困境是人生的老师。

信念与激情是成功的催化剂

生命的乐章要奏出强音，必须依靠激情；青春的火焰要燃得旺盛，必须仰仗激情。

有人说，激情犹如火焰，当阴霾蔽日之时，指给你奔向光明的前程；有人说，激情宛似温泉，当冰凌满谷之时，冲得你身心暖融融的；有人说，激情好比葛藤，当你向险峰攀登之时，引你拾级而上；也有人说，激情就像金钥匙，当你置身于人生迷宫之时，助你撷取皇冠上的明珠。

怀疑是信念之星的雾霭，在人迷离的时候，遮住了人的双眼；动摇是信念之树的蛀虫，在飓风袭来的时候，折断挺拔的枝干；朝秦暮楚是信念之舟的礁屿，在潮汐起落的时候，阻止了奔向理想彼岸的行程。

一个人拥有坚定的信念是最重要的，只要有坚定的信念，力量会自然而生。

信念好比航标灯射出的明亮的光芒，在烟波浩淼的人生海洋中，牵引着人们走向辉煌。高高举起信念之旗的人，对一切艰难困苦都无所畏惧；相反，信念之旗倒下了，人的精神也就垮了。而从来就不曾拥有过信念的人对一切都会畏首畏尾，在漫长的人生旅途中抬不起头，挺不起胸，迈不开步，整天浑浑噩噩，看不到光明，因而也感受不到人生成功的幸福和快乐、激情与喜悦。

信念在人的精神世界里是挑大梁的支柱，没有它，一个人的精神大厦就极有可能会坍塌下来。信念是力量的源泉，是胜利的基石。

"这个世界上，没有人能够使你倒下，如果你自己的信念还站立的话。"这是著名的黑人领袖马丁·路德·金的名言。

纵观在事业上有成就的人，他们都具有坚定的信念。巴甫洛夫曾宣称："如果我坚持什么，就是用炮也不能打倒我。"高尔基指出："只有满怀信念的人，才能在任何地方都把信念沉浸在生活中并实现自己的意志。"事实已经反复证明，自卑是心灵的自杀，它像一根潮湿的火柴，永远也不能点燃成功的火焰。许多人的失败不是因为他们不能成功，而是因为他们不敢争取。而信念，则是成功的基石。道理很简单：人们只有对他所从事的事业充满了必胜的信念，才会采取相应的行动。如果没有行动，再壮丽的理想也不过是没有曝光的底片，一幅没有彩图的镜框而已。

对科学信念的执着追求，促使居里夫人以百折不挠的毅力，从堆积如山的矿物中提炼出珍贵的物质——镭。为此，她曾如是说：

"生活对于任何一个男女都非易事，我们必须有坚忍不拔的精神，最要紧的是我们自己要有信念。我们必须相信，我们对每一件事情都具有天赋的才能，并且无论付出任何代价，都要把这件事完成。当事情结束的时候，你要能够问心无愧地说：'我已经尽我所能了。'"

"有一年春天，我因病被迫在家里休息数周，我注视着女人们所养的蚕结着茧子。这使我感兴趣，望着这些蚕固执地、勤奋地工作着，我感到我和它们非常相似。像它们一样，我总是耐心地集中于一个目标。我之所以如此，或许是因为有某种力量在鞭策着我——正如蚕被鞭策着去结它的茧子一般。"

第一章 在困局中寻找希望

"近五十年来，我致力于科学的研究，而研究基本上是对真理的探讨。我有许多美好快乐的记忆。少女时期我在巴黎大学，孤独地过着求学的岁月；在那整个时期中，我丈夫和我专心致志地，像在梦幻之中一般，艰辛地坐在简陋的书房里研究，后来我们就在那儿发现了镭。"

信念如处子，坚贞最可贵，雷击而不动，风袭而不摇，火熔而不化，冰冻而不改。拥有信念的人，生活才更加充实，生命才更加绚烂。

惰性是才能的腐化剂

当古代以色列人离开埃及被红海阻拦时，他们的领袖向上帝祈求救助，上帝的回答是："你为什么向我呼喊求救呢？对以色列的子民们去说吧，他们会一直奋勇向前。"果然，当以色列人凭着坚定的信念走进红海时，海水分开，在波涛滚滚之中，露出一条陆地通道，他们成功地到达了彼岸。

惰性是一种隐藏在人内心深处的东西，一帆风顺的时候，你也许看不到它，而当你碰到困难，身体疲惫，精神萎靡不振时，它就会像恶魔一样吞噬你的耐力，阻碍你走向成功。所以，我们必须克服它，要时刻想着从困境的旋涡中挣脱出来。

古今中外，凡事业有成者必有耐力，坚定执着、不屈不挠的斗志是他们获得成功的关键。发明大王爱迪生在分析自己的亲身经历时，不无感慨地说："世上哪有什么天才。天才是百分之一的灵感，加上百分之九十九的汗水。"他告诫人们，要有所作为，就必须克服惰性，以饱满的热情，坚定执着地面对一切。

当你身心疲惫时，你会觉得连动一根小指头都很吃力，可是靠着坚强的毅力，活动的速度也会加快，最终能够完全按照自己的意志自由活动，这就是克服惰性的耐力带给你的成功！

在人生的路上，有耐力的人遇到困难和挫折时，就像投了保险一样镇定自若，绝不会惊惶失措，更不会像斗败的公鸡一样垂头丧气。他们无论失败多少次，最后必定能实现事业的成功。

古人云："天将降大任于斯人，必先苦其心志。"这就好像有人故意安排，成功者必须经历种种失败和挫折的考验，只有不畏困苦的锤炼，跌倒了也毫不在乎地站起来并继续昂首前进的人，才能获得最后的成功。隐藏在内心深处的惰性是不会让人轻易通过耐力测试的。要享受成功的喜悦，换而言之，就是要有坚强的耐力，就必须克服与生俱来的惰性。

有耐力的人必定有所收获。不管这些人的目标是什么，他们在经历无数的风雨之后，必定有赢得成功的一天。不仅如此，他们除了获得最终的成功之外，还能从中深刻地体会到——失败和挫折的背后，必然藏有更大希望的成功。

纵观古今，还没有听说过有哪一个懒惰成性的人取得过什么成功。只有那些在困难和挫折面前全力拼搏的人，才有可能达到成功的巅峰，才有可能走在时代的最前列。对于那些从来不愿接受新的挑战，不敢正视困难与挫折和无法迫使自己去从事艰辛繁重工作的人来说，他们是永远不可能有太大成就的。

所以，我们应该严格要求自己，不要放任自己无所事事地打发时光；不要让惰性爬出来吞噬我们的斗志，我们要学会调控自己的情绪；不管是处于什么样的心境，都要迫使自己去努力工作。

第一章　在困局中寻找希望

绝大多数的失败者之所以失败，是因为他们内心深处滋长了惰性。他们不能获得最后的成功是因为他们不肯从事辛苦的工作，不愿付出辛勤的劳动，不愿意做出必要的努力。他们所希望的只是一种安逸的生活，他们陶醉于现有的一切。身体上的懒惰懈怠、精神上的彷徨冷漠，对一切放任自流，总想逃避挑战，去过一劳永逸的生活——所有这一切，使他们慢慢地变得默默无闻、碌碌无为。

一个人在工作上、生活上的惰性，最初的症状之一就是自己的理想与抱负在不知不觉中日渐褪色和萎缩。对于每个渴望成功的人来说，养成时刻检视自己抱负的习惯，永远保持高昂的斗志是至关重要的。要知道，一切取决于我们的远大志向，一个人如果胸无大志，游戏人生，那是非常危险的。更要命的是，一旦我们停止使用我们的肌肉和大脑，一些本来具备的优势和能力也会在日积月累之后开始生疏、退化，最终离我们而去。如果我们不能不断地给自己的抱负加油，如果我们不能通过反复的实践来强化自己的能力，不彻底铲除隐藏在心底的惰性，那么，成功就会变得离我们异常遥远。

在我们周围的人群中，由于没有克服惰性，最后理想破灭、丧失斗志的人数不胜数。尽管他们外表看来与常人无异，但实际上曾经一度在他们心中燃烧的热情之火已经熄灭，取而代之的是无边无际的黑暗。

对于任何人来说，不管他现在的处境是多么恶劣，或者是先天条件多么糟糕，只要有耐力，只要他能够保持高昂的斗志，热情之火不灭，那么他就大有希望；但如果他任由惰性蔓延，变得颓废消极，心如死灰，那么，人生的锋芒和锐气也就丧失殆尽了。

在我们生活中，最大的挑战就是如何克服心底的惰性，保持高昂的斗志，让渴望成功的炽热火焰永远燃烧。

给自己一点心理补偿

心理失衡的现象在现代竞争日益激烈的生活中时有发生。大凡遇到成绩不如意；高考落榜、竞聘落选、与家人争吵、被人误解讥讽等情况时，各种消极情绪就会在内心积累，从而使心理失衡。消极情绪占据内心的一部分，而由于惯性的作用这部分越来越沉重、越来越狭窄；而未被占据的那部分却越来越空、越变越轻。因而心理明显分裂成两个部分，沉者压抑，轻者浮躁，使人出现暴戾、轻率、偏颇和愚蠢等难以自抑的行为。这虽然是心理积累的能量在自然宣泄，但是它的行为却具有破坏性。

这时我们需要的是"心理补偿"。纵观古今中外的强者，其成功的秘诀就包括善于调节心理的失衡状态，通过心理补偿逐渐恢复平衡，直至增加建设性的心理能量。

有人打了一个颇为形象的比方：人好似一架天平，左边是心理补偿功能，右边是消极情绪和心理压力。你能在多大程度上加重补偿功能的砝码而达到心理平衡，你就能在多大程度上拥有时间和精力，信心百倍地去从事那些有待你完成的任务，并有充分的乐趣去享受人生。

那么，应该如何去加重自己心理补偿的砝码呢？

首先，要有正确的自我评价。情绪是伴随着人的自我评价与需求的满足状态而变化的。所以，人要学会随时正确地评价自己。

有的青少年就是由于自我评价得不到肯定，某些需求得不到满足，此时未能进行必要的反思，调整自我与客观之间的距离，因而心境始终处于郁闷或怨恨的状态，甚至悲观厌世，最后走上绝路。由此可见，青年人一定要学会正确估量自己，对事情的期望值不能过分高于现实值。当某些期望不能得到满足时，要善于劝慰和说服自己。不要为平淡而缺少活力的生活而遗憾。遗憾是生活中的"添加剂"，它为生活增添了发愤改变与追求的动力，使人不安于现状，永远有进步和发展的余地。生活中处处有遗憾，然而处处又有希望，希望安慰着遗憾，而遗憾又充实了希望。正如法国作家大仲马所说："人生是一串由无数小烦恼组成的念珠，达观的人是笑着数完这串念珠的。"没有遗憾的生活才是人生最大的遗憾。

其次，必须意识到你所遇到的烦恼是生活中难免的。心理补偿是建立在理智基础之上的。人都有七情六欲各种感情，遇到不痛快的事自然不会麻木不仁。没有理智的人喜欢抱怨、发牢骚，到处辩解、诉苦，好像这样就能摆脱痛苦似的，其实往往是白费时间。明智的人勇于承认现实，既不幻想挫折和苦恼会突然消失，也不追悔当初该如何如何，而是想到不顺心的事别人也常遇到，并非是老天跟你过不去。这样你就会减少心理压力，使自己尽快平静下来，客观地对事情做出分析，总结经验教训，积极寻求解决问题的办法。

再次，在挫折面前要适当用点"精神胜利法"，即所谓"阿Q精神"，这有助于我们在逆境中进行心理补偿。例如，实验失败了，要想到失败乃是成功之母；若被人误解或诽谤，不妨想想"在骂声中成长"的道理。

最后，在做心理补偿时也要注意，自我宽慰不等于放任自流和为错误辩解。一个真正的达观者，往往是对自己的缺点和错误最无情的批判者，是敢于严格要求自己的进取者，是乐于向自我挑战的人。

记住雨果的话吧："笑就是阳光，它能驱逐人们脸上的冬日。"

你要想整理出一块空地，在把一株尖刺丛生的荆树拔除后，你不会让那块地空荡荡的，你会在原地种上一棵好看的松树，用一物替代另一物。这就是"替换律"的真谛。

人生也是如此，我们可以用美事美物替代丑恶的东西，像是打扫出一所空屋子，为了不让丑恶占据，最好的办法是让美好事物住进去。替换律同样用在我们的思考上：驱除肮脏的念头，不仅仅是绝不去想它，而必须让新东西替代它，培养新兴趣，新思想；排除失望，仅仅接受失望是不够的，一个希望失去了，应该用另一个希望来代替；忘记自己忧伤的最有效也是唯一的办法，是用他人的忧伤来代替，分担别人的痛苦时自己的痛苦也就忘记了。因此，当我们消沉时，最好的解决办法是敞开自己的胸怀，打破沉默，去做任何可以给我们带来激励的事情，在做其他事情中使自己从受挫折的事情中解脱出来。

一个叫苏珊·麦洛伊的美国青年，在突然被宣判得了癌症时，在康复机会渺茫的消沉之中，决定开始写一本书来激励自己与癌症对抗。作为一个动物爱好者，她选择人与动物作为书的主题。她通过各种方式收集有关动物的故事，这些故事在编成书前，首先使她从中受到感动，受到激励，成为她勇抗癌症恶魔的最大力量。后来，她的《动物真情录》成功出版，成为纽约时报的畅销书。而她自己在被诊断出癌症10年后，仍然身心健康，甚至比开始治疗前还要好。

当你因不愉快的事而情绪不佳时，你不妨试试运用替代法来转移自己的情绪注意力。

1. 积极参加社交活动，培养社交兴趣

人是社会中的一员，必须生活在社会群体之中，一个人要逐渐学会理解和关心别人，一旦主动关爱别人的能力提高了，就会感到生活在充满爱的世界里。如果一个人有许多知心朋友，就可以取得更多的社会支持；更重要的是可以充分地感受到社会的安全感、信任感和激励感，从而增强生活、学习、工作的信心和力量，最大限度地减少心理的紧张感和危机感。

一个离群索居、孤芳自赏、生活在社会群体之外的人，是不可能获得心理健康的。随着独门独户家庭的增多，家庭与社会的交往减少，因此走出家庭、扩大社交显得更有实际意义。

多利用身边的有利条件。工作中经理可以多向下属征求意见，同事之间也可互相讨论集思广益。

2. 多找朋友倾诉，以疏泄郁闷情绪

在我们日常生活和工作中，难免会遇到令人不愉快和烦闷的事情，如果找个好友听您诉说苦闷，那么压抑的心境就可能得到缓解或减轻，失衡的心理亦可得以恢复，也能得到来自朋友的情感支持和理解，获得新的思考，增强战胜困难的信心。

也可将不愉快的情绪向自然环境转移，郊游、爬山、游泳或在无人处高声叫喊、痛骂等。也可积极参加各种活动，尤其是可将自己的情感以艺术的手段表达出来，如去听听歌，跳跳舞，在引吭高歌和轻快旋转的舞步中忘却一切烦恼。

3. 重视家庭生活，营造一个温馨和谐的家

家庭可以说是整个生活的基础，温暖和谐的家是家庭成员快乐的源泉、事业成功的保证。孩子在幸福和睦的家庭中成长，也有利于其人格的发展。

如果夫妻不和、经常吵架，将会极大地破坏家庭气氛，影响夫妻的感情及其心理健康，而且也会使孩子幼小的心灵受到伤害。可以说，不和谐的家庭经常制造心灵的不安与污染，对孩子的教育很不利。

理想健康的家庭模式，应该是所有成员都能轻松表达意见，相互讨论和协商，共同处理问题，相互供给情感上的支持，团结一致应付困难。每个人都应注重建立和维持一个和谐健全的家庭。社会也是一个大家庭，每个人如果能很好地处理家庭中的人际关系，也就可以很好地在社会中生存了。

适度宣泄心中的烦恼

人生在世，难免会遇到烦恼、伤心、怨恨、愤怒的事情。在遇到这种事情时你应该怎么办呢？如果把不良情绪憋在心里，进行感情压抑和自我克制，往往会影响身心健康，早晚会憋出病来。相反，如果你采取另外一种态度，在不危害社会、不影响他人和家庭的情况下，适当地把心中的怒气宣泄一下，把"气"放出来，有利于自己的心态调整，有益于身心健康。

据有关资料介绍，这种办法有利于情绪得到很好的调整，还能够有效地降低人们的发病率，从而提高劳动效率。这里所谓的

"出气"，实际上就是一种宣泄。

有幅漫画：一位总经理模样的人正在训斥一名职员，职员无奈，便转而训斥他的下属，下属恼火，回家后就莫名其妙地把气撒在妻子身上，妻子气极了，便把委屈一股脑儿发泄在儿子身上，打了儿子一个耳光，儿子恼怒之下，居然飞起一脚踢向小狗，小狗疼得乱蹿，发疯似的冲出门乱咬，结果正好咬到从这儿路过的总经理。

需要我们注意的是，这里的职员训斥下属，下属训斥妻子，妻子打儿子，儿子踢小狗，便是所说的"宣泄"。

怒气是千万不能长期地积压的，从心理学角度来讲，适度宣泄能够减轻或消除心理或精神上的疲劳，把怒气发泄出来比让它积在心里要好得多，这样做能够使自己变得更加轻松愉快。但要能够把握好宣泄的分寸，学会保持心理平衡的技巧。

适度的情绪发泄就像夏天的暴风雨一样，能够净化周围的空气，倾吐胸中的抑郁和苦衷，能缓解紧张情绪。发泄的方法有很多，可以通过各种对话、家庭聚会等发表意见，也可找知己谈心或找心理医生咨询，或通过写文章、写信来表达情感。如果以上方法都不能奏效，干脆痛哭一场，哭是宣泄情绪的好方法。孩子遇到了伤心事，常常一哭了之。成年人，特别是男人，多以"男儿有泪不轻弹"自居，强忍悲痛而不流出眼泪。据有关资料表明，这种悲而不哭的情绪与男性患冠心病、胃溃疡、癌症比重比女性高有一定的关系。因为悲伤与恐惧等消极情绪会使体内肽和激素含量过高而危害健康，而眼泪能帮助排泄一部分与健康有害的化学物质。

如何"宣泄"，可谓一门学问。这里介绍一些适度"宣泄"

的方法，你不妨一试。

在生气之后，可利用你手中的笔，把这件事的发生经过全部记录下来，尽情地一"书"而就，或者写一封言词尖锐的书信，将对方痛骂一通。然而你必须要记住，这种"信"尽管可以随意书写，但是不可以发出去。美国第16任总统林肯就经常用这种方法来宣泄其心中的怒气，他在外边受了别人的气，回到家里之后就写出一封痛骂对方的书信。家人在第二天要为他寄这封"信"时，他却不让寄出去，其原因是："写信时，我已经出了气，又何必把它寄出去，而惹是生非呢！"

同时还不妨痛哭一场。心理学家已经指出：痛哭也是一种自我心理的救护措施，能使不良情绪得以宣泄和分流，痛哭之后心情自然就会比原来畅快许多。

发挥"道具"的作用。这里所说的"道具"，就是能够被用来宣泄心中怒气之物。日本有一家大公司的总裁，很会让职员尽情地"发泄"，他定做了一个与他身材同样大小的橡胶塑像，让对自己有意见的职员可以对这个形态逼真的塑像尽情拳打脚踢，等"宣泄"够了，职员也消了气，恢复了心理平衡。我们也可以借鉴此种方法，然而要切记的是不可随意而发，要掌握好时间、场合和对象，否则将成为不正当的方法。

因此，每个人最好去认识了解自己的情绪，从而寻找出一个适当的宣泄方式，关键在于找准渠道。另外，体育锻炼也能增加人对外界的适应力与抵抗力，在运动的过程中，心理会逐步地得到调节，在不知不觉中慢慢就疏导了自己心中的不愉快。

人生在世难免会产生各种各样不良的情绪，如果不采取适当的方法加以宣泄和调节，对身心将会产生极大的消极影响。所以，当一个人遇到不愉快的事情或心理方面受到委屈时，不要憋在心里，而要向知心朋友和亲人说出来或大哭一场。这种发泄可以释放积于内心的郁闷，对人的身心发展是非常有利的。当然，发泄的时候一定要注意对象、地点、场合，发泄的方法一定要适当，避免伤害其他人。

除此之外，写文章也是一种有效的宣泄方法。下面有这样一个例子：

有一天，曾任美国陆军部长的斯坦顿来到林肯家里，生气地对他说一位少将用侮辱的话指责他偏袒一些人。林肯建议斯坦顿，写一封内容尖刻的信回敬那家伙。

"可以狠狠地骂他一顿。"林肯说。斯坦顿立刻写了一封措辞强烈的信，然后拿给总统看。

"对了，对了，"林肯高声叫好，"要的就是这个！好好训他一顿，真写绝了，斯坦顿。"但是当斯坦顿把信折好装进信封里时，林肯却一把抓住了他，问道："你想干什么？""寄出去呀。"这一问，斯坦顿有些摸不着头脑了。

"不要胡闹，"林肯大声说，"这封信不能发，快把它扔到炉子里去。凡是生气时写的信，我都是这么处理的。这封信写得好，写的时候你已经解了心中的怒气，现在你应该感觉好多了吧，那么就请你把它烧掉，再写第二封信吧。"

过平静、舒适的生活是人们的愿望，人人都希望生活中充满欢笑。然而事实上，任何事物不可能尽善尽美，皆遂人愿，失败、挫折、矛盾、不幸，从不放过任何人，并对人们的精神状态造成各种影响。如果你在日常生活中遇到令人烦恼、怨恨、悲伤或愤怒的事情，把苦闷强压在心里，不加以宣泄和释放的话，就非常容易加重自身的心理负担，破坏人体的正常循环与平衡，引起机体一系列功能方面的障碍，从而导致各种疾病的发生，危害身心健康。

古人曰："忍泣者易衰，忍忧者易伤。"这是符合科学依据的。现代心理学研究证明，长期思想苦闷、情绪恶劣的人，由于免疫力、抗病力降低，极容易罹患消化性溃疡、偏头痛、高血压和神经衰弱等身心疾病，恶劣情绪还被称为是癌症的"催化剂"。美国精神分析学家霍莫斯就不良情绪对健康的损害作过专门研究，他用"点"为单位评估对健康的影响，结果表明：配偶死亡压力最大，为100点；其次是离婚为73点；家人死亡为63点；与别人闹矛盾、争吵引起的情绪不良为23点。如果同时受到几种压力，则心理上感受的总压力就更大，为几种压力的总和。假如一年中遭到300点以上压力，人的健康将自然会受到一系列严重的损害。如果能及时通过情绪充分表露出来，宣泄内心的不悦，就能排除体内毒素，从而减轻精神方面的严重压力。

那么，怎样才能够最有效地解除精神上的压抑呢？其中的一个手段便是宣泄。其实在大多数情况下，不一定非去"宣泄"中心治疗，也不一定非求助于心理医生，人们完全可以通过自我宣泄来达到缓解压力、平衡心理的目的，即在不危害社会与他人，不影响家庭成员的情况下，发泄自己的情绪。

总而言之，人们因日常生活中的各种紧张因素而造成的精神压抑是难以避免的，但人们可采取适当的调节方法及时地发泄，不让不良情绪积蓄，以保持身心的健康。

的确，人生不可能永远是鸟语花香。在琐碎的生活中，人们的确可能遇到委屈、苦恼与憋闷的事，每当此时，当事人需要"释放"其怒气。因此，"宣泄"并不奇怪，是宣泄者企图谋取心理平衡的一种客观需要。

换句话说，既然心中的怒火是火山，那么应该让它喷发出来，需要做的就是应为它选一种最佳的喷发方式。

究竟选择何种宣泄方式，常常因人而异。

比如，理智者会冷静而从容地调整自己的心态，鲁莽者会冲动而"莫名其妙"地误伤他人。而愚蠢者则会走向极端，甚至采用最不可取的自残形式。

由此可以看出，莫名其妙地乱发泄，往往会令他人感到不近情理，对于如此的发泄，也只能被视为一种糊涂，一种可怜巴巴的"孩子气"。

那么，当我们有苦恼有烦闷需要宣泄时，理应选择一种理智而道德的方式。

让清凉的风把苦恼赶跑，让奔腾的河水把苦闷冲走，让优美的琴声给你诗意，让书中的乐趣送你安宁，遇事做到适当而又理智的宣泄，是一种人生的境界与智慧。

让自己心怀希望

有一位诗人说过："人可以没有草原，但不能没有骏马；可以没有骏马，但不能没有希望！"人虽然不一定能让自己过得幸福，但一定要让自己心怀希望：有想写的冲动时，投一篇文章给报社、杂志社；有想唱的欲望时，到卡拉 OK 给自己开个演唱会；在有了想画一幅画的激情时，那么就为自己画一幅画……

如果能够自己为自己制造希望，那么你自然就会发现生活原本是非常美丽的！朋友们，如果你身陷困局，别灰心，给自己希望，也就等于给了自己另一个成功的机会。

　　在闹市的街口，有一位白发苍苍的老太太，佝偻着腰，挑着两只破烂的筐子。有一个四五岁的小男孩跟着她，看见一张废纸就从地上捡起来，放进老太太背的筐子里，孩子的脸上有一丝笑容，在冰冷的二月里仿佛是一道金黄色的阳光。老太太也会心地笑了，尽管笑里隐藏着一丝哀伤。孩子的笑，也许在他看来仅是一点收获，能够使奶奶的箩筐装得更满一些。而老太太也许是世间的沧桑磨蚀了她的渴望，也许是为自己，更多的是为了小男孩的未来担忧，她的笑容不够灿烂，她生活的信心来得有些艰难，然而她还是瘪着脸微微一乐，对小男孩表示着一点点的鼓励，对他的懂事和对生活的希望给予高度的赞赏。

　　生命的清冷与悲凉在白发老人与无邪幼童当中，生命的青春在那衰老的脚步与天真的笑容中，可能所有的这一切都还会有一点希望。

　　生命本身是非常脆弱的，人只有坚强地活着，才能充满着希望。你没有像小男孩那样，漂流在凄凉的街头，你更不会像老太太那样，年岁已老，因为你还年轻。你既然年轻，那么就应该有希望，你年轻就应该有信仰，你年轻就没有理由去悲伤。

　　人生之路是曲折而又漫长的。有太多太多的烦恼与忧伤，你可能曾经埋头苦干过，挑灯夜读过；你可能踏踏实实，认认真真地工作过；你可能……但你没有得到你所应该拥有的一份回报，你可能换来的是一丝悲痛与绝望。也许你扬帆远航于人生的海洋上，遇到了一场暴风雨，你的小船漂浮不定。请你不要放弃希望，因为风雨之后，眼前会是鸥翔鱼游的天水一色。也许你迈步挺进在人生的道路上，陷入了一片荆棘之地，你的天空顿时布满阴霾。请你不要放弃希望，因为走出荆棘，前面就是铺满鲜花的康庄大道。也许你艰辛地攀登在人生的山峰上，忽然一切天昏地暗，你的眼前迷茫一片。请你不要放弃生命当中的任何一丝希望，因为登上山峰，在你的脚下将是积翠如云的空蒙山色。

请扬起希望之帆，做一个不屈的水手、坚强的水手，你身上的所有伤疤都将成为你的勋章与荣耀。

在失望中寻找希望

人生之路是由失望与希望所串联起来的一条七彩项链，由此生命才变得多姿多彩。在生活中，人难免会为陷入困境而感到失望。在失望时萌生希望，就能驱散心中的阴霾，让人从阴影中走出来，因而步入一个崭新的天地，拥抱湛蓝的天空。失望会让人感到无比压抑、痛苦，备受折磨，而希望却让人振奋、欣喜，跃跃欲试。

失望的人们会因为有希望的存在而不再绝望，而希望之后的失望也会让人萌生新的希望，失望与希望是形影相随的一对双胞胎。愚昧的人站在高山下只会感伤和叹息，而明智的人则会从山下努力地向山顶攀登，从而看到另一片新天地。

很多时候，人通常不是败在失望上，而是败在不会在失望中寻找希望。有很多时候，我们只是一味地要求别人对自己应该怎样去做，而不懂得从自己身上寻找。而实际上，人生的道路本身就是由希望和失望堆砌而成的，希望连着失望，而失望也紧挨着希望。

有的人说，人生就像一盘棋，而输赢的关键也就只差那么几步。正所谓"一着不慎，满盘皆输"，而决定我们人生输赢的关键一点就是希望。

希望的本质就是一种金属，它之所以如此的宝贵，那是因为它必须在失望当中经过千锤百炼才能够提取得到。因此，失望并不可怕，可怕的是不会在失望中提炼希望。

每天给自己一个希望

我们不能控制机遇，然而却能够掌握自己；我们无法预知未来会如何，但是却能够把握住目前；我们不知道自己的生命到底会有多长，但我们却可以安排眼下的生活；我们左右不了变化无常的天气，却可以调整自己的心情。只要我们活着，那么就一定会有希望，只要每天给自己一个希望，那么我们的人生就一定不会失色。

每天给自己一个希望，其实就是给自己一个目标，给自己一点信心。每天给自己一个希望，我们就将会活得生机勃勃，激昂澎湃，哪里还会有时间去叹息去悲哀，将生命浪费在一些无聊的小事上。人的生命是十分有限的，然而对于希望是无限的，只要我们没有忘记每天给自己一个小小的希望，我们就一定能够拥有一个丰富而多彩的人生。

只要心里面有希望，那么就总会有勇气活下去，生活与希望总是同时存在的，只要对生活充满希望，我们自然会拥有一个多姿多彩的人生，我们是与自己赛跑的人，我们都想争取某种成功，途中的几次跌倒、几次失败算得了什么，我们不能因此而认为自己永远是卑微的，只要对生活充满希望，尝试着去拼搏一回，终

第一章 在困局中寻找希望

究有一天，你就会奇迹般地发现：其实我同别人是一样成功的。

人生的道路上有鲜花也有荆棘，有成功自然也有失败，希望与失望相伴而行，不要以为"希望越大，失望就越大"，一个人只要时时刻刻想着希望，总比没有希望好，在这个充满竞争的社会里，我们要学会不断给自己希望，不断给自己鼓舞，不断充实自己，坚持不懈地努力走下去，永远使自己充满成功的希望。

人生之中的每一个年轮都交织着悲愁与喜悦、失败与成功，只有对生活充满希望、永不妥协的人，才有可能得到生活的青睐。

面对着平淡的生活，面对每一个平凡而细微的日子，不要失去对青春的憧憬和梦想，不要迷失在尘世的光影之中。努力地给自己一个寄托精神的希望，给自己点一盏希望之灯！

如今的生活变得越来越紧张了，社会中的每一次变革都牵动着人们的脚步，与此同时也绷紧了人们的神经。人们疲惫的神经一时还难以适应这种高节奏的变化。许多人在生活中失去了斗志和向上的精神，为生活所累，为自己所累，变得平庸消沉、人云亦云，很年轻就学会了以最无聊的麻木来保护自己。他们埋怨社会的不公平，痛恨人情世故的冷淡，感叹许多应该去珍惜的东西都在悄然之间慢慢地消逝而去，然而自己却在一步步地改变着。他们失去了真正的自我，日益变得消沉同时也愈加脆弱，却还在固执地骂这个世界，骂这个社会，骂一切使我们心烦的人和事。直到有一天蓦然回首才会惊奇地顿悟：我们每天所感叹的实质上就是自己正在失去的，也是自己最应该去珍惜的一些东西。

在人生的很多时候，都需要我们默默地去接受忍耐，在生命曲线处于低谷的时候，我们更不能放弃心中的信念和信心。生命中有许多重要的环节一旦把握不住，就会造成恶性循环，一旦放纵，就会走向彻底的消沉。面对每一天、每一个平凡的现在，有人默默耕耘，几十年如一日，有人长吁短叹、寂寞空虚、度日如年。其实这便是生活，这便是人生，不同的生活态度，自然就会有不同的人生。

勇于在风雨中锻炼自己

一个人如果从小就生在一个"温室"的环境中，不经受风雨的磨炼，很难成为一个有作为的人才。一个青年在参加工作以后事事都很顺利，从来没有遇到什么大的困难，他的成长就会较慢，一遇到风浪袭击就会不知所措，以致失败。

所以说，在工作和生活中，一切顺遂如意，一点风雨也不存在的，不一定是好事。这可能预示着他的进步和发展已处在停顿不前的境地。

在现实生活中有很多这样的人，在舒舒服服平淡无奇的生活中消磨着时光，而终于一事无成，耗尽终生。相反，那些有作为、发展提高很快的人都是些不甘寂寞、勇于在风雨中锻炼的人。他们投身到困难重重甚至吃不饱穿不暖的境地，在与风雨搏斗中得到成长。所以有人说"困难是最佳的教科书与老师"。

"好事多磨""不受磨难不成佛"，这最通俗的大实话，说明了这样的道理，渗透了人生成功的真谛。但凡伟大的事业都是在艰巨的磨难中完成的。一个人生活太优裕，道路太顺畅，未经磨难，未经人生路上的摸爬滚打，一旦遭到坎坷和挫折，往往会一筹莫展，驻足不前，甚至长期地沉入苦思之中。

有一个人，原在一个效益比较好的单位任职。终于有一天，市场经济的大潮将他所在单位这艘大船撞翻，他本人也被抛在岸上"晒"了起来。他父亲的一位朋友却恭喜他说："你遇到了挫折，这真是有幸，因为你还年轻。"一位大学毕业生，因未找到工作自杀，而准备录用他的公司闻知则庆幸：幸好我们没有录用他，因为他经不起打击。

恰如温室里的花朵一般，未曾经风雨见世面，未曾形成自己独立自主的能力，也没有任何承受折磨的心理准备和经验积累。

而一个历尽沧桑、饱经风霜的人则不同，他是在磨难和挫折里长大和成熟起来的，他已经具备了应付挫折的心理承受能力和驾驭生活的能力，面对人生事业中的大小磨难，他无所畏惧，勇往直前，凭着坚强不屈的意志，战胜挫折，取得了事业的成功和人生的幸福。

《菜根谭》中说："横逆困穷，是锻炼豪杰的一副炉锤，能受其锻炼者则身心交益；不受锻炼者则身心交损。"这说明，人们驾驭生活的技巧和主宰生活的能力，是从现实生活中磨砺出来的。

和世间任何事件一样，困境也具有两重性。一方面，它是障碍，要排除它必须花费更多的精力和时间；另一方面，它又是一种肥料，在解决它的过程中能够使人更好地锻炼提高。我国古人对此早就有所认识，所以有"生于忧患，死于安乐"的说法。

《人人都能成功》的作者拿破仑·希尔很喜欢讲一个有关他祖父的故事。他的祖父过去是北卡罗来纳州的马车制造师傅。这位老人在清理耕种的土地时，总会在田地的中央留下几株橡树，它们不像森林中其他的树一样有良好的庇荫及养分，而他的祖父就用这些橡树制造马车的车轮。正因为这些田野中的橡树要在强风烈日下百般挣扎，要对抗大自然狂风暴雨的考验，才能茁壮成长，所以它们才足以承受最沉重的负荷。

困境同样可以强化人们的意志。大多数人希望一生平坦顺利，然而，未经困境考验，往往会庸庸碌碌过一生。

美国犹他州的艾特·博格曾是一位体育健将，有着远大前程。但是，在他20岁那年的圣诞之夜，因为在去未婚妻家路上遭遇一场车祸而全身瘫痪，只有30%的身体可以工作。医生告诉他，他不能再驾车了，余生得完全依靠他人喂食、穿衣和行走，而且最好也不要提结婚的事了。

他感到世界黑暗，既担心又害怕。但是，他的母亲给予了他及时的鼓励和帮助，说："艾特，当困苦姗姗而来时，超越它会使生活更余味悠长。"母亲的话使那间黑暗恐怖的病房被希望和热诚的光芒所充满。

他不再只盯着没有知觉的四肢，而是开始考虑现在他可以做什么。

他首先学会了在新的条件下驾车，自理自己的生活，他又可以到想去的地方干想干的事了。在这个过程中，奇迹发生了：右臂又能重新活动了。遭车祸一年半后，他仍然和美丽的未婚妻结了婚。之后的1992年，他的妻子黛丽丝当选犹他州小姐，又参评美国小姐获季军。他们还有了一双儿女，女儿瑞纳和儿子亚瑟。生活的欢乐也不断鼓舞着他向一个又一个人生课题挑战。他学会了独臂游泳、潜水，甚至成为第一个参加滑翔跳伞的四肢瘫痪者。

1994年美国的《成功》杂志推选他为该年度最伟大的身残志坚者。回顾一切，他说："为什么我能成就以上种种？因为多年

第一章 在困局中寻找希望

来我一直铭记母亲的话，而不是听信周围人（包括医学专家）的丧气之辞。我深知我的境遇，但并不意味着可以轻易放弃梦想。我的心头再次燃起希望之火……因为当困苦姗姗而来之时，超越它们会更余味悠长。"

化解敌意也有技巧

竞技场上比赛开始前，两人都要握手敬礼或拥抱，比赛后再重复一次，这是最常见的"当众拥抱你的敌人"的一种方式。

人与人之间或许会有不共戴天之仇，但在办公室里，这种仇恨一般不至于激化到那种地步。毕竟是同事，都在为着同一家单位工作，只要矛盾还没有发展到你死我活的地步，总是可以化解的。记住：敌意是一点一点增加的，也可以一点一点消失。中国有句老话："冤家宜解不宜结。"同在一家公司谋生，低头不见抬头见，还是少结冤家比较有利于自己。不过，化解敌意也需要技巧。

1. 别让自己高高在上，以免招致嫉妒

嫉妒是基本人性之一，只不过有的人会把嫉妒表现出来，有的人则把嫉妒深埋在心底。

嫉妒是无处不在的，朋友之间、同事之间、兄弟之间、夫妻之间、亲子之间，都有嫉妒的存在，而这些嫉妒一旦处理失当，就会形成足以毁灭一个人的烈火。不过，在这里只谈朋友、同事之间的嫉妒。

朋友、同事之间嫉妒的产生大都是因为以下情况，如："他的条件又不见得比我好，可是却爬到我上面去了。""他和我是同班同学，在校成绩又不如我好，可是竟然比我发达，比我有钱！"……换句话说，如果你升了官，受到上司的肯定或奖赏、获得某种荣誉时，那么你就有可能被同事中的某一位（或多位）嫉妒。女人的嫉妒会表现在行为上，说些"哼，有什么了不起"或是"还不是靠拍马屁爬上去"之类的话，但男人的嫉妒通常埋在心里，更有甚者则开始与你作对，表现出不合作的态度。

因此，当你一朝得意时，你应该注意几件事：

（1）想想同单位之中有无资历、条件比你好的人落在你后面，因为这些人最有可能对你产生嫉妒。

（2）观察同事们对你的"得意"在情绪上产生的变化，以便得知谁有可能嫉妒。一般来说，心里有了嫉妒的人，在言行上都会有些异常，不可能掩饰得毫无痕迹，只要稍微用心，这种"异常"很容易发现。

而在注意这两件事的同时，你也要做这些事情：

（1）不要凸显你的得意，以免刺激他人，激发他人对你的嫉妒，或是激起本来不嫉妒你的人的嫉妒；你若过于洋洋得意，那么你的欢欣必然换来苦果。

（2）把姿态放低，对人更有礼，更客气，千万不可有轻视对方的态度，这样就可降低别人对你的嫉妒，因为你的低姿态使某些人在自尊方面获得了满足。

（3）在适当的时候适当显露你无伤大雅的短处，如不善于唱歌，字写得很差等，让嫉妒你的人心中有"毕竟他也不是十全十美"的幸灾乐祸的满足。

（4）和心有嫉妒的人沟通，诚恳地请求他的配合，当然也

要揭示、赞扬对方有而你没有的长处，这样或多或少可消除他的嫉妒。

遭人嫉妒绝对不是好事，因此必须以低姿态来化解。而话说回来，嫉妒别人也不是好事，如果你有嫉妒之心，又无法加以消除，那么千万不要让它转变成破坏的力量，因为这种力量伤人也会伤己，而且嫉妒也会阻碍你的进步。因此，与其嫉妒，不如想办法赶上对方，甚至超越对方。

2. 人在屋檐下，一定要低头

老祖宗有一句话："人在屋檐下，哪能不低头"，老祖宗可以说是洞彻世事人情，因此这句话是相当有智慧的。

所谓的"屋檐"，说明白些，就是别人的势力范围。换句话说，只要你处于这势力范围之中，并且靠这势力生存，那么你就是在别人的"屋檐"下了。这"屋檐"有的很高，任何人都可抬高头站着，但这种屋檐毕竟不多，以人类容易排斥"非我族群"的天性来看，大部分"屋檐"都是低的。也就是说，进入别人的势力范围时，你会受到很多有意无意的排斥和不明事理、不知从何而来的欺压。除非你有自己的一片天空，是个强人，不用靠别人来过日子。可是你能保证一辈子都可以如此自由自在，不用在"屋檐"下躲避风雨吗？所以，在人屋檐下的心态就有必要调整了。

总而言之，"一定要低头"的目的是为了让自己与现实有着和谐的关系，把两者的摩擦降至最低；是为了保存自己的能量，以便可以走更长远的路；是为了把不利的环境转化成对自己有利的力量，这是人性丛林中的生存智慧。

点燃热忱的火把

热忱，是指一种热情的种子深植于人的内心而生长成一棵生机勃勃的参天大树。拿破仑·希尔喜欢称之为"抑制的兴奋"。如果你的心里充满做事的热忱，你就会兴奋。你的兴奋从你的眼睛、你的面孔、你的灵魂以及你整个为人的多个方面辐射出来，使你的精神振奋。

热忱是一把火，它可以燃烧起成功的希望。要想获得这个世界上的最大奖赏，你必须拥有过去最伟大的开拓者将梦想转化为全部价值的献身热忱，来陪伴自己走过长长的探索之路。

塞缪尔·斯迈尔斯的办公桌上挂了一块牌子，他家的镜子上也吊了同样一块牌子，巧的是麦克阿瑟将军在南太平洋指挥盟军的时候，办公室墙上也挂着一块牌子，上面都写着同样的座右铭：

> 信仰使你年轻，
>
> 疑惑使你年老；
>
> 自信使你年轻，
>
> 畏惧使你年老；
>
> 希望使你年轻，
>
> 绝望使你年老；
>
> 岁月使你皮肤起皱，
>
> 但是失去了热忱，
>
> 就损伤了灵魂。

第一章　在困局中寻找希望

这是对热忱最好的赞词。培养并发挥热忱的特性，我们就可以对我们所做的每件事情，加上火花和趣味。

一个热忱的人，无论是在挖土，还是经营大公司，都会认为自己的工作是一项神圣的天职，并怀着深厚的兴趣。对自己的工作热忱的人，不论工作有多少困难，或需要多大的训练，始终会一如既往地向前迈开步子。只要抱着这种态度，你的想法就不愁不能实现。爱默生说过："有史以来，没有任何一项伟大的事业不是因为热忱而成功的。"事实上，这不是一段单纯的话语，而是迈向成功之路的指标。

实际上，热忱与内在精神的含义基本上是一致的。一个真正热忱的人，他的内心熠熠发光，一种炙热的精神本质就会深深地根植于人的内在思想中。

无论是谁心中都会有一些热忱，而那些渴望成功的人的内心世界更像火焰一样熊熊燃烧，这种热忱实际上是一种可贵的能量，用你的火焰去点燃别人内心热忱的火种，那么你又向成功迈进了一大步。

纽约中央铁路公司前总经理有一句名言："我愈老愈加确认热忱是胜利的秘诀。成功的人和失败的人在技术、能力和智慧上的差别并不会很大，但如果两个人各方面都差不多，拥有热忱的人将会拥有更多如愿以偿的机会。一个人能力不够，但是如果具有热忱，往往会胜过能力比自己强却缺乏热忱的人。"

不过，热忱不是面子上的功夫，如果只是把热忱溢于表面而不是发自内心，那便是虚伪的表现。如果这样，往往不能使自己获得成功，反而会导致自己失去成功的机会。

因此，训练热忱的方法是订出一份详细的计划，并依照计划执行，培养对热忱的持久感受，尽量使人的热忱上升，不使人的热忱逐渐下坠。

　　现在，告诉你如何建立热忱加油站，使你满怀热忱工作：

　　首先，你要告诉自己，你正在做的事情正是你最喜欢的，然后高高兴兴地去做，使自己感到对现在的事业已很满足。其次，要表现热忱，告诉别人你的事业状况，让他们知道你为什么对自己的事业感兴趣。

第一章　在困局中寻找希望

第二章 | 思路决定出路

突破困局，"智取"尤为重要。思路决定出路，想到才能做到。拿破仑·希尔说过：世界上所有的计划、目标和成就，都是经过思考后的产物。你的思考能力，是你唯一能完全控制的东西，你可以用智慧或愚蠢的方式运用你的思想，但无论你如何运用它，它都会显示出一定的力量。

突破困局，"智取"最为重要。俗话说：狭路相逢勇者胜，勇者相逢智者胜。身处困局，一味地蛮干勇斗，有时候不仅于事无补，反而会让自己在困局中越发被动。

做一个理性的思考者

有理性的思考源自于知识的正确使用。对于身处困局中的人来说，最需要的是让头脑做出最大限度的运转，借着正确的判断做出高明的决定。

每一位成功者，都具有理性的思考或有条理的思想诀窍。但这并不表示他们讲话的技巧或方式高人一等，而是有更为根本的东西存在，也就是说，他们掌握了理性的思考诀窍。理性的思考源自于知识的积累和正确应用，只有具有这样思维技巧的人，才能让他的大脑最大限度地运转，并得到理想的结果。

一个人若想突破困局，就必须学会正确的理性思考。

首先，思想有条理的人，必能判断正确，从而做出高明的决定。例如，在一个复杂的问题面前，若能排除无关的事物，直捣问题的核心，就有可能攻克问题。

其次，一个思想有条理的人，能以简明的方法，促使别人更了解自己。不论是什么样的机遇，一旦需要展现自己才能的时候，他们必能思路清晰、言简意赅地传达给大家，并能很快地付之于行动，因此也必然会获得良好的效果。尤其在现代的社会竞争中，能有效地表达自己意念的人，成功的机会一定更高。

每个人都有可能把自己训练成为一名理性思考者。虽然学会正确思考的过程是相当复杂的，但它基本上可分成三个阶段。若能仔细研究这些步骤，判断力必能获得较大的改善。

1. 找出问题核心

朋友小赵在最近一年中被家庭入不敷出的问题搞得焦头烂额。他在一家化工精密仪表公司做业务员，年收入约十万元左右，妻子自他们结婚后一直做全职太太。按说家庭年收入十万元，生活也可以基本达到小康水平，不至于陷入财务困境。但他们在财务危机面前的应对措施失当，致使他们在财务困境中越陷越深。

困境的缘由是他们一年前新添了一个小宝宝，宝宝的身体一直不大好，大病倒是没有，小病却是不断。小赵一个月八九千元的收入，还了四千元房贷后的余款几乎全花在宝宝身上。就这样，他们的家庭第一次出现了财务危机。

陷入财务危机的夫妻俩，首先想到的当然是借钱渡过难关。但借钱只能解决燃眉之急，于是他们又想到了节省开支，在孩子满一百天后，他们把聘请的保姆辞退了，这样每月可以节省800元的工资支出。辞了保姆之后，小赵下班后要做很多家务事，上班时也常常需要请假帮妻子带孩子去儿童医院——而这些事，原来都是保姆可以做的。

小赵夫妻很希望迅速摆脱财务危机，但事与愿违，自从辞退保姆后，小赵因为将大量的精力与时间花在家庭事务上，结果工资收入一个月比一个月少——他的收入主要来自于业务提成。一年之后，满周岁的孩子身体强壮了很多，基本上不生病了，但小赵此时的月收入连四千元都不到了。他们在经济危机的困境中越陷越深。

小赵这时才如梦初醒，非常后悔当时用辞退保姆的方式来应对财务危机。他只想到"节流"，却没有想到自己"节"了小"流"，误了大"流"，因为节省了数百元的小钱，把自己每月数千元的

收入也"节"掉了一大半！

小赵在身处财务困局时，并没有找出问题的核心，导致了因小失大，结果在困局中越陷越深。

一个简单的例子，如果有人因为靴子磨脚，不去找鞋匠而去看医生，这就是不会处理问题，没有找到问题的关键所在。从这里我们就可以理解，为什么去掉枝节、直捣核心是最重要的步骤了，否则，问题的本身和影子会扭成一团而理不清楚。有了问题时，就该想想这个例子，一定要把握住问题的核心。能够找出问题的核心，并简洁地归纳总结出来，困局就已解决一大半了。

还是回到我们前述的例子。小赵当时若将解决财务困局的重心放在"开源"而不是靠辞退保姆的简单"节流"上，努力地工作，争取更多的收入——或者与以往持平，其财务上的困境也就不会演变到后来那么糟糕。

2. **分析全部事实**

一个一等兵开着一辆带帆布顶篷的卡车，在行军时不慎受困于一个深深的泥坑。

正在一等兵左冲右突都无法脱离泥坑时，一队轿车从右边驶过。看到这辆陷入困境的卡车，车队立即停下来，一位身有红色佩带的将军从 8 辆汽车的头一辆中走了出来，让一等兵过去。

"遇到麻烦了？"

"是的，将军先生。"

"车陷住了？"

"陷在泥坑里，将军先生。"

这位将军仔细地观察了一下，这时，他想起新颁发的一项要求加强官兵之间的战友情的命令，于是，他决定身体力行地给大家做个榜样。

"注意了！"他拍拍手用命令的口气高声叫喊着："全体下车！军官先生们过来！我们让一等兵先生的卡车重新跑起来！干活吧，先生们！"

从8辆汽车里钻出整整一个司令部的军官、少校、上尉，一个个穿着整洁的军服。他们同将军一起埋头猛干起来，又推又拉，又扛又抬。就这样干了十多分钟，汽车才从泥坑中出来停在道上准备上路。

我们可以想象当这些军官穿着满是泥污的军服钻进汽车时，他们的样子是何等的狼狈，而他们在心里又是怎样诅咒这道命令。将军最后一个上车，在上车之前他洋洋自得地走到一等兵面前。

"对我们还满意吗？"

"是的，将军先生！"

"让我看看，您在车上装了些什么？"

将军拉开篷布，他惊讶地看到，在车厢里坐着整整18个年轻健壮的一等兵。

面临困局，很多人都喜欢跟着感觉走，并不愿花精力去了解更多与之相关的事实，结果不是花了大力气办了小事情，就是把事情越弄越糟。

在了解到真正的核心问题后，就要设法收集相关的资料和信息，然后进行深入的研讨和比较。应该有科学家搞科研那样审慎的态度。解决问题必须采用科学的方法，做判断或做决定都必须以事实为基础，同时，从各个角度来分析辨明事理也是必不可少的。

一旦有关资料都齐备后，要做出正确的决定就容易多了。收集相关资料数据，对于理性思考的产生是非常重要的。

3. 谨慎做出决定

在做完比较和判断之后，很多人往往马上就能做出结论。其实，下结论不必过早，如果形势允许试着以一天的时间把它丢在一边，暂时忘掉。或许，新的判断或决定就会浮上心头，等重新面对问题时，答案已出现了。

人对事物的认识总会受时间、空间的局限，而我们面对的是变化的、运动着的世界，因此，我们经常会遇到因考虑不周、鲁莽行动而造成损失的情况，所以我们遇事要"三思而后行"。要知道，许多矛盾和问题的产生，都是冲动、未经深思熟虑的结果。

冲动情绪往往是由对事物及其利弊关系缺乏周密思考引起的，在遇到与自己的主观意向发生冲突的事情时，若能先冷静地想一想，不仓促行事，就不会冲动行事，事情的结果也就会大不一样了。

石达开是太平天国首批"封王"的人中最年轻的军事将领，在太平天国金田起义之后向金陵进军的途中，石达开均为开路先锋，他逢山开路，遇水搭桥，攻城夺镇，所向披靡，号称"石敢当"。太平天国建都天京后，他同杨秀清、韦昌辉等同为洪秀全的重要辅臣，后来又在西征战场上，大败湘军，迫使曾国藩又气又急，欲投水寻死。在"天京事变"中，他又支持洪秀全平定韦昌辉的叛乱，成为洪秀全的首辅大臣。

但是，就在这之后不久，石达开却独自率领20万大军出走天京，与洪秀全决裂，最后在大渡河全军覆灭，他本人亦惨遭清军凌迟。石达开出走和失败的历史是鲁莽行动的体现，足以使后人深思。

1857 年 6 月 2 日，石达开率部由天京雨花台向安庆进军，出走的原因据石达开在布告中说，因"圣君"不明，即责怪洪秀全用频繁的诏旨来牵制他的行动，并对他"重生疑虑"，以致发展到有加害石达开之意，这就使二人之间的矛盾白热化了。

而当时要解决这一日益尖锐的矛盾有三种办法可行：第一种办法是石达开委曲求全，这在当时已不可能，心胸狭窄的洪秀全已不能宽容石达开；第二种办法是急流勇退、解印弃官来消除洪秀全对他的猜疑，这也很难，当时形势已近水火，如石达开真要解职恐怕连性命都难保；第三种是诛洪自代。谋士张遂谋曾经提醒石达开吸取刘邦诛韩信的教训，面对险境，应该推翻洪秀全的统治，自立为王。

按当时的实际情况看，第三种办法应该是较好的出路，因为形势的发展实际上已摒弃了像洪秀全那样相形见绌的领袖，需要一个像石达开那样的新领袖来维系。但是，石达开的弱点就是中国传统的"忠君思想"，他讲仁慈、信义，他对谋士的回答是"予惟知效忠天王，守其臣节"。

因此，石达开认为率部出走是其最佳方案。这样既可打着太平天国的旗号，进行从事推翻清朝的活动，又可避开和洪秀全的矛盾。而石达开率大军到安庆后，如果按照原来"分而不裂"的初衷，本可以此作为根据地，向周围扩充。安庆离南京不远，还可以互为声援，减轻清军对天京的压力，又不会失去石达开原在天京军民心目中的地位。这是石达开完全可以做到的。但是，石达开却没有这样做，而是决心和洪秀全分道扬镳，彻底分裂，舍近而求远，独去四川自立门户。

历史证明这一决策完全错了，石达开虽拥有 20 万大军，英

勇决战江西、浙江、福建等 12 个省，震撼半个中国，历时 7 年，表现了高度的坚韧性，但最后仍免不了一败涂地。

1863 年 6 月 11 日，石达开部被清军围困在利济堡，石达开决定用自己一人之生命换取部队的安全，这又是他的决策失误。当军中部属知道主帅"决降"时，已溃不成军了。此时，清军又采取措施，把石达开及其部属押送过河，而把他和 2000 多名解甲的战士分开。这一举动，顿使石达开猛醒过来，他意识到诈降计拙，暗自悔恨。

回顾石达开的失败，主要是个人决策的失误，他自不量力的行动，决定了他出走后不可能有什么大的作为。

当我们在做决定时，常会犯一个老毛病，就是"自不量力"地做一些吃力不讨好，甚至"赔了夫人又折兵"的事情。因此，在面临做出决定时，首先，应先问问自己做这个决定到底是为什么？有什么目的？如果做此决定会产生何种后果？这样能促使你三思而后行，避免冲动。

其次，要锻炼自制力，尽力做到处变不惊、宽以待人，不要遇到矛盾就以"兵戎相见"，像个"易燃品"，见火就着。倘若你是个"急性子"，更应学会自我控制，遇事时要学会变"热处理"为"冷处理"，考虑过各个选项的利弊得失后再作决定。

人生困局的三种形态

对于人生困局，并非如某些励志书上声称的"只要有勇气与决心就没有闯不过去的关"。事实上，我们在应对困局时，还需要尊重客观现实。在现实中，人生的困局大致可以分为如下三种形态。

1. 心中的困局

对于要求过高的人来说，他们每时每刻都会处于困局当中。吃要山珍海味，穿要绫罗绸缎，住要花园洋房，坐要名贵轿车，妻要国色天香，儿要聪明伶俐，财要富可敌国……想想看，这样的高标准在普天之下有几人能够达到？毫无疑问，在追求这些的过程中，必定是到处碰壁，心为形役，苦不堪言。

有些人以争取高水准为荣，强迫自己努力达到一个可望而不可即的目标，并且完全用成就来衡量自己的价值。结果，他们便变得极度害怕失败。他们感到自己时时刻刻都在受到鞭策，同时又对自己已取得的成就不满意。

一个刚出校门不到两年的小伙子，他感觉自己的生活简直一无是处："连一所房子也没有，害得我连女朋友都不敢找！"他也不想想，像他这种刚出校门的小伙子，有几人拥有自己的房子。再说，找女朋友和房子之间的关系就真的那么密切吗？我们可以想象，这样的人即使拥有了房子与女友，也会认为自己身处不幸之中：房子不够大、女友不够漂亮……这种人一辈子都生活在困局当中，除非他懂得从"高标准"的心态中走出来。

这类存在于人心中的困局，其实是虚拟的困局。自己本来未身处困局，只是你自认为身处其中而已。

2. 激励性困局

人在跃过一道壕沟时，总会下意识地后退几步，给自己一个卯足劲的准备动作，然后奔跑、冲刺、起跳、完成跨越。这类困局就起到这样的作用。它告诉我们，我们正面临着人生的一个腾飞跨越，因此必须停下来，做好充分的思想准备，调动自己全部的能量，然后蓄势而发，实现人生飞跃。面对这样的困局，我们所要做的就是认真地对待它，而不要惧怕它，运用我们全部的智慧去迎接它。许多伟人正是看到了这类困局后的巨大成功，他们不遗余力地去战胜这样的困局，并且最终获得人生赢家。

3. 保护性困局

由于思考和能力的局限性，我们常常会误入歧途，这时，亮着红灯的困局就是一种警示，使我们意识到前面的危险，回到正确的道路上去。例如，臭氧层的破坏导致大自然对人类产生了报复，从中我们意识到了生态平衡的重要意义。于是，我们开始治理环境污染，大力实施环保措施，以使我们能够在一个和谐的环境里健康生存。有时，身体的疾病，夫妻不和，朋友间的疏远，也是一种这样的困局，让我们反思自己，是不是自己在追求一种与自己的真爱相违背的东西，是不是我们正在做着一件损人又害己的事情。对于这样的困局，我们必须认真接受它给予我们的警示，不能一意孤行；否则，最终不仅不能成功，还会导致自己的惨败，甚至还会连累家人和朋友以及所有爱我们的人。所以，我们也可以称这一类困局为保护性困局。

此前媒体热炒的杨姓女孩狂追偶像刘德华事件中，从卖房捐肾的闹剧最终发展到父亲跳海自杀的悲剧，其中的种种困局都在警示当事人不要一条路走到黑，但当事人一意孤行，最终陷入家破人亡的更大困局当中，真是可悲可叹。

上述三种困局的形态，最难做到的是如何准确区分。读者朋友们不妨在身陷困局时思考比对一下，一旦找到自己所面临的困局的形态，突破困局就成功了一半。

突破困局的途径

"为什么受伤的总是我？我到底做错了什么？"——每个身处困局中的人，都应该在脑海中多问自己几个为什么。

困局之所以缠上了你，大部分的根源在于自己。比如说，做生意遭了骗，根源在于自己的轻信；考研失利，根源在于自己学业不够精进……治病要找到病源方能对症下药，突破困局也需要通过自省找到导致困局的根源，方能找到突破的途径。

自省也就是指自我反省，通过自我反省，人可以了解和认识自己的思想、意识、情绪与态度。一个人如果不懂自省，他就看不见自己的问题，更不会有自救的愿望。

从来不犯错误的人是没有的，从来不犯曾经犯过的错误的人也是不多见的。暂且不论是不是重复过去曾犯过的错误，就是这种经常反省的精神也是十分可贵的。

宋朝文学家苏轼写过一篇《河豚鱼说》，说的是河里的一条豚鱼，游到一座桥下，撞到桥柱上。它不责怪自己不小心，也不打算绕过桥柱游过去，反而生起气来，恼怒桥柱撞了它。它气得张开两鳃，胀起肚子，漂浮在水面，很长时间一动不动。后来，一只老鹰发现了它，一把抓起了它，转眼间，这条河豚就成了老鹰的美餐。

这条河豚，自己不小心撞上了桥柱子，却不知道反省自己，不去改正自己的错误，反而迁怒于人，一错再错，结果丢了自己的性命，实在是自寻死路。

那么，人应该从什么地方反省自己呢？

孔子的弟子曾子关于自省有一段著名的论述："吾日三省吾身，为人谋而不忠乎？与朋友交而不信乎？传不习乎？"曾子告诉我们，每天要三省，从三个方面去检查自己的思想和言行：

一是反省谋事情况，即对自己所承担的工作是否忠于职守。

二是反省自己与朋友交往是否信守诺言。

三是反省自己是否知行一致，即是否把学到的知识身体力行。

总之，要通过自省从思想意识、情感态度、言论行动等各个方面去深刻认识自己、剖析自己。

自省可以改变一个人的命运和机缘，它在任何人身上都会发生大效用：因为自省所带来的不只是智慧，更是夜以继日的精进态度和前所未有的干劲。

有了自省，才能自己解剖自己，把身上的灰尘抖落在地，还一个干净、清洁的自我。

有了自省，就有了人生的栅栏，既不会被迷雾诱惑，也不会被香风薰倒。

有了自省，才能去伪存真，化堑为智，并不断使自己思想升华，情操净化。

有了自省，我们才会自醒，继而自立与自强！

朋友们，学会自省吧！它是你人生旅途中的一盏指路明灯！

从失败中不断吸取教训

吃一堑，长一智。从失败中不断吸取教训、总结经验的人，又怎能不智慧过人呢？难怪许多成功的人士都曾经遭遇成百次、上千次的失败，他们利用失败教育自己，结果成为举世闻名的聪明人！

在中国有许多古语都包含了这个道理，如老马识途。正因为老马走过无数的路，经过无数的坎坷，它才能在每次坎坷后留下心底的记号，下一次再从此经过，它便可以一跃而过！

古代有一个故事，在一片深山老林里，有一座"神仙居"位于山顶。一天，有一个年轻人从很远的地方来求见"神仙居"居主，想拜他为师，修得正果。年轻人进了深山老林，走了很久，他犯难了，路的前方有三条岔路通向不同的地方。年轻人不知道哪一条山路通向山顶。忽然，年轻人看见路旁有一个老人在睡觉，于是他走上前去，叫醒老人家，询问通向山顶的路。老人睡眼朦胧嘟哝了一句"左边"，又睡过去了。年轻人便从左边那条小路往山顶走去。走了很久，路的前方突然消失在一片树林中，年轻人只好原路返回。回到三岔路口，那老人家还在睡觉。年轻人又上前问路。老人家舒舒服服地伸了个懒腰，说："左边。"就又不理他了。年轻人正要详问，见老人家扭过头去不理他。转念一想，也许老人家是从下山角度来讲的"左边"。于是，他又拣了右边那条路往山上走去。走了很久，眼前的路又渐渐消失了，只有一片树林。年轻人只好原路折回，回到三岔路口，见老人家又睡过

去了，不由气涌上来。他上前推了推老人家，把他叫醒，便问道："老人家你一把年纪了何苦来欺我，左边的路我走了，右边的路我也走了，都不能通向山顶，到底哪条路可以去山顶？"老人家笑眯眯地回答："左边的路不通，右边的路不通，那你说哪条路通呢？这么简单的问题还用问吗？"年轻人这时才明白过来，应该走中间那条路。但他总想不明白老人家为什么总说"左边"，带着一肚子的疑惑，年轻人来到了"神仙居"。他虔诚地跪下磕头，居主笑眯眯地看着他，那神态仿佛山下三岔路口那老人家，年轻人使劲揉了揉眼睛……

你肯定猜到了那老人家就是居主变的，但这故事里包含着几个人生道理：一是年轻人走完左边的路和右边的路之后，都失败了，无疑应是中间那条路通向山顶，他连这都不明白，要去问老人家，经老人家一点才明白过来，说明人经过失败后，受情绪影响（比如愤怒），连很简单的问题都会把自己弄糊涂；二是只有走过左边和右边的路之后，才知道这两条路都不通山顶，说明凡事要自己亲身去经历才知道可行不可行；三是年轻人在走过右边和左边的路之后，知道走不通他就不会再第二次走那两条路了，说明人不会轻易犯同样的错误，他已经向正确的方向迈进了一步。

你想到了几点呢？不管你想到几点，至少你明白了错了之后你不会再犯同样的错，这就是失败的好处！

别因为失败伤心，也不要为错误负疚。你希望成功，但事与愿违，这并非罪过；如果明知故犯，就罪无可赦了！明知错还去做，如果不是愚蠢，便是跟正义开玩笑，是不道德的行为。不仅不值得鼓励，而且应该受到适当的警戒。心理学家认为故意犯错误的人，负疚多于满足。

然而，人非圣贤，孰能无过？只要不是存心做错，偶尔犯错，是可以原谅，也不必受良心谴责的。无心之过，不但不会受到惩罚，还可以从过错中获得教训，从犯错的经验中，变得聪明起来！

　　明代绍兴名人徐渭有一副对联："读不如行，试废读，将何以行；蹶方长智，然屡蹶，讵云能智。"这副对联，科学地阐述了理论与实践、失误与经验的辩证关系。上联是说实践出真知，理论指导行动。下联"蹶方长智"，蹶是指摔倒，不能摔倒后一蹶不振，而应"吃一堑，长一智"。有人认为"吃一堑"与"长一智"之间存在必然性，那就错了。不是说吃一堑就一定能长一智，而是吃一堑有可能长一智。这种可能性要转变为必然性，必须要有一个条件，那就是要从失误中总结教训，积累经验，这样才能长智。如果错后不思量，那么同样的错误还会不断重复出现。这就是"然屡蹶，讵云能智"的精辟之处。

　　一个人遭受一次挫折或失败，就该接受一次教训，增长一分才智，这就是成语"吃一堑，长一智"的道理之所在。

　　从前，有个农夫牵了一只山羊，骑着一头驴进城去赶集。

　　有三个骗子知道了，想去骗他。

　　第一个骗子趁农夫骑在驴背上打瞌睡之际，把山羊脖子上的铃铛解下来系在驴尾巴上，把山羊牵走了。

　　不久，农夫偶一回头，发现山羊不见了，急忙寻找。这时第二个骗子走过来，热心地问他找什么。

　　农夫说山羊被人偷走了，问他看见没有。骗子随便一指，说看见一个人牵着一只山羊从林子中刚走过去，准是那个人，快去追吧！

　　农夫急着去追山羊，把驴子交给这位"好心人"看管。等他

第二章　思路决定出路

两手空空地回来时，驴子与"好心人"自然都没了踪影。

农夫伤心极了，一边走一边哭。当他来到一个水池边时，却发现一个人也坐在水池边，哭得比他还伤心。农夫挺奇怪：还有比我更倒霉的人吗？就问那个人哭什么，那人告诉农夫，他带着两袋金币去城里买东西，在水边歇歇脚、洗把脸，却不小心把袋子掉水里了。农夫说，那你赶快下去捞呀！那人说自己不会游泳，如果农夫给他捞上来，愿意送给他 20 个金币。

农夫一听喜出望外，心想：这下子可好了，羊和驴子虽然丢了，可将到手 20 个金币，损失全补回来还有富裕啊！他连忙脱光衣服跳下水捞起来。当他空着手从水里爬上来时，干粮也不见了，仅剩下的一点钱还在衣服口袋里装着呢！

这个故事告诉我们，农夫在没被骗时麻痹大意，出现意外后惊惶失措而造成损失，造成损失后又急于弥补因此又酿成大错，三个骗子正是抓住农夫的性格弱点，轻而易举地全部得手。

应该说，人们在工作、生活中遭受类似的挫折和失败是难以完全避免的，虽然"吃一堑"终归不是什么好事情，但如果吃了堑，也不长智，就是愚蠢至极了。

不要被情绪牵着走

老郑是一个极为情绪化的人。五年前，他与妻子离婚，至今孤身一人。单身的日子不好过，他时常借酒浇愁。每每提及往事，老郑后悔不迭。原来，老郑只是因为当年下岗在家，心情不好，与妻子之间出现口角，一怒之下与妻子离了婚。老郑一直后悔当年的不理智，生活过得潦倒不堪。最近，他又因老板的一句责备愤而辞职——这是他下岗五年里的第十三次辞职了。老郑过于情绪化的脾气一日不改，他潦倒的日子一日就不会停歇。

在我们的日常生活中，常会遇到一些让我们义愤填膺、怒气难抑的事情，碰到这种事情的时候，做出正确选择的关键是"保持理性"。所谓的保持理性，就是不要让你的情绪来误导你的选择。人有七情六欲，就像人有五脏六腑一样，是很自然的事，可是在做选择的时刻，千万不能被情绪牵着鼻子走，要发泄情绪可以回家关起门来一个人解决，不需要让你的情绪再"害"你一次。

有些事其实并不难应付，要化解原本是件很简单的事，偏偏有些人就是会把事情搞砸，原因不外乎就是情绪在作祟。一旦人的思考空间被情绪占满了，就没理性思考的空间了。没有理性思考的空间，就会分不清什么是正确，什么是错误，因而造成自讨苦吃的下场。

不少人总是会因为不顺心的事情而大发脾气或情绪低落消沉；丢东西时惊慌、谩骂；受到指责时愤愤不平；遭到侮辱时挥拳相向；遇到失恋时借酒浇愁；屡遭失败时灰心丧气；遇到难题时捶胸顿足；被人冤枉时火冒三丈；身体不适时心烦气躁……这些似乎让人感觉个人的情绪表现是由这些不顺心的事情直接决定的。但事实并非如此，只是因为人在成长的过程中形成了太多的思维模式，当受到"不顺心"事件的刺激时，人们总是本能地认为那是不好的事情，并进而将思维延伸到事件对未来的影响。而这种影响也往往是坏的，也就是说，人们总是会往坏的方面想，而无视事情积极的方面。所以，正是因为个人的看法、认识等内因对外部刺激形成的固定反应，才使得外因更多地直接决定了个

第二章 思路决定出路

人情绪。

要想自己不被情绪牵着走，就要能够灵活地调整内因对外因的固定反应。当外部刺激可能导致个人情绪、行为的恶性变化时，人的看法、认识要能够能动地自我调整，逆向思维，发掘积极的因素，阻碍外部刺激对情绪、行为的不良作用，保证情绪的稳定、乐观和行为的积极、正常。这样就能够变悲为喜、缓解矛盾、抑制愤怒，使一个人心胸豁达、轻松愉快、处事冷静。

一个用情绪来决定事情的人，往往看不清事情的真相。不经由大脑，完全以直觉反应，而情绪又因时、因地、因物而有所不同，那么处理事情便没有一个准则。如果自己能花点心思想一想再做决定，对于事情的结果，也就比较能掌握，不会事到临头干着急。

要学习运用一些简单的逻辑来做判断，强迫自己在做决定前先给自己一分钟的选择时间。有些时候，情况紧迫，必须立刻做决定，也应给自己 5 ~ 10 秒的缓冲时间进行大方向的判断。

危机时刻要保持冷静

困局之中，千万不要因狂躁发怒而乱了方寸，临危不乱、沉着、冷静地应对困局才是正道。冷静地观察问题，在冷静中寻找出解决问题的突破口。

一位空军飞行员说："第二次世界大战期间，我独自担任战斗机的驾驶员。头一次任务是轰炸、扫射东京湾。从航空母舰起飞后一直保持高空飞行，然后再以俯冲的姿态滑落至目的地的上空执行任务。"

"然而，正当我以雷霆万钧的姿态俯冲时，飞机左翼被敌军击中，顿时翻转过来，并急速下坠。"

"我发现海洋竟然在我的头顶。你知道是什么东西救我一命的吗？"

"我接受训练期间，教官会一再叮咛说，在紧急状况中要沉着应付，切勿轻举妄动。飞机下坠时我就只记得这么一句话，因此，我什么机器都没有乱动，我只是静静地想，静静地等候把飞机拉起来的最佳时机和位置。最后，我果然幸运地脱险了。假如我当时顺着本能的求生反应，未待最佳时机就胡乱操作了，必定会使飞机更快下坠而葬身大海。"他强调说，"一直到现在，我还记得教官那句话：'不要轻举妄动而自乱脚步；要冷静地判断，抓住最佳的反应时机。'"

面对一件危急的事，出于本能，许多人都会做出惊慌失措的反应。然而，仔细想来，惊慌失措非但于事无补，反而会添出许多乱子来。试想，如果是两方相争的时候，对方就会乘危而攻，那岂不是雪上加霜吗？

所以，在紧急时刻，临危不乱，处变不惊，以高度的镇定，冷静地分析形势，那才是明智之举。

唐宪宗时期，有个中书令叫裴度。有一天，手下人慌慌张张地跑来向他报告说他的大印不见了。为官的丢了大印，真是一件非同小可的事。可是裴度听了报告之后一点也不惊慌，只是点头表示知道了。然后，他告诫左右的人千万不要张扬这件事。

左右之人看裴中书并不像他们想象得那样惊慌失措，都感到疑惑不解，猜不透裴度心中是怎样想的。而更使周围的人吃惊的是，裴度就像完全忘掉了丢印的事，当晚竟然在府中大宴宾客，和众人饮酒取乐，十分逍遥自在。

就在酒至半酣时，有人发现大印又被放回原处了。左右手下又迫不及待地向裴度报告这一喜讯。裴度依然满不在乎，好像根本没有发生过丢印之事一般。那天晚上，宴饮十分畅快，直到尽兴方才罢宴，然后各自安然歇息。

而手下人始终不能揣测裴中书为什么能如此成竹在胸，事后好久，裴度才向大家提到丢印当时的处置情况。他教左右手说："丢印的缘由想必是管印的官吏私自拿去用了，恰巧又被你们发现了。这时如果嚷嚷开来，偷印的人担心出事，惊慌之中必定会想毁灭证据。如果他真的把印偷偷毁了，印又何从而找呢？而如今我们处之以缓，不表露出惊慌，这样也不会让偷印者感到惊慌，他就会在用过之后悄悄放回原处，而大印也不愁不失而复得。所以我就如此那般地做了。"

从人的心理上讲，遇到突发事件，每个人都难免产生一种惊慌的情绪，问题是怎样想办法控制。

楚汉相争的时候，有一次刘邦和项羽在两军阵前对话，刘邦历数项羽的罪过。项羽大怒，命令暗中潜伏的弓弩手几千人一齐向刘邦放箭，一枝箭正好射中刘邦的胸口，伤势很重痛得他伏下身体。主将受伤，群龙无首。若楚军乘人心浮动发起进攻，汉军必然全军溃败。猛然间，刘邦镇静起来，他巧施妙计：在马上用手按住自己的脚，大声喊道："碰巧被你们射中了！幸好伤在脚趾，并没有重伤。"军士们听了顿时稳定下来，终于抵挡住了楚军的进攻。

西晋时，河间王司马颙、成都王司马颖起兵讨伐洛阳的齐王司马冏。司马冏看到两位王的兵马从东西两面夹攻京城惊慌异常，赶紧召集文武群臣商议对策。

尚书令王戎说："现在二王大军有百万之众，来势凶猛，恐怕难以抵挡，不如暂时让出大权，以王的身份回到封地去，这是保全之计。"王戎的话刚说完，齐王的一个心腹怒气冲冲地吼道："身为尚书理当共同诛伐，怎能让大王回到封地去呢？从汉魏以来王侯返国有几个能保全性命的？持这种主张的人就应该杀头！"

王戎一看大祸临头，突然说："老臣刚才服了点寒食散，现在药性发作要上厕所。"说罢便急匆匆走到厕所，故意一脚跌了下去，弄得满身屎尿臭不可闻。齐王和众臣看后都捂住鼻子大笑不止。王戎便借机溜掉，免去了一场大祸。

正因为王戎很有冷静的头脑，才在危急之下免得一死。此事无疑给后人以启示：遇事要沉着冷静，静中生计以求万全。

思路要保持清晰

究竟怎样才能有效地发挥自己的强项并突破人生的困局呢？这就需要你面对各种复杂的问题，做到头脑清醒，思路清晰。

在任何环境、任何情形之下，都要保持一个清醒的头脑，要保持正确的判断力。在他人失去镇静手足无措时，你仍保持着清醒镇静；在他人做着可笑的事情时，你仍然保持着正确的判断力，能够这样做的人才是真正的杰出人才。

一个一遇到意外事情便手足无措、易于慌乱的人，必定是个思考尚未成熟的人，这种人不足以交付重任。只有遇到意外情况

镇定不慌、处变不惊的人，才能担当起大事。

在很多单位中，常见某位能力平平、业绩也不出众的职员，却担任着重要的职位，他的同事们便感到惊异。但他们不知道，领导在选择重要职位人选时，并不只是考虑职员的才能，更要考虑到头脑是否清晰、性情是否敦厚和判断力是否准确。企业的稳步发展，全赖于职员的办事镇定和良好的判断能力。

一个头脑镇静、思路清晰的伟大人物，不会因境地的改变而有所动摇。经济上的损失、事业上的失败、环境的艰难困苦都不能使他失去常态，因为他是头脑镇静、信仰坚定的人。同样，事业上的兴旺与成功，也不会使他骄傲轻狂，因为他安身立命的基础是牢靠的。

在任何情况下，做事之前都应该有所准备，要脚踏实地、未雨绸缪，否则，一旦困难临头，就会慌乱起来。当大家都慌乱时，而你能保持镇定，这就给予了你极大的力量，你就具有了很大的优势。在整个社会中，只有那些处事镇定、无论遇到什么风浪都不慌乱的人，才能应付大事，成就大事。而那些情绪不稳、时常动摇、缺乏自信、危机一到便掉头就走、一遇困难就失去主意的人，一辈子只能过着一种庸庸碌碌的生活。

海洋中的冰山，在任何情形之下都不为狂暴风浪所倾覆，乃是我们应该学习的绝好榜样。无论风浪多么狂暴，波涛多么汹涌，那矗立在海洋中的冰山，仍然能岿然不动，好像从来没有被波浪撞击一样。这是为什么呢？原来冰山庞大体积的 7/8 都隐藏在海面之下，稳当、坚实地扎在海水中，这样就无法被水面上波涛的撞击力所撼动。冰山在水底既然有巨大的体积，当狂暴的风浪去撞击水面上的冰山一角时，冰山丝毫不动也就不足为奇了。

一个人平稳与镇静的表现是其思想修养和谐发展的结果。一个思想偏激、头脑片面发展的人，即使在某个方面有着特殊的才能，也总不如和谐的思想修养更全面。头脑的片面发展，犹如一棵树的养料全被某一枝条吸去，那根枝条固然发育得很好，但树的其余部分却萎缩了。

许多才华横溢的人也曾做出种种不可理喻的事情来，这可能是因为其判断力较差，缺乏和谐平稳的思想修养的缘故，而这都妨碍了他们一生的前程。

一个人一旦有了头脑不清楚、判断力不健全的恶名，那么往往一生事业都会没有进展，因为他无法赢得他人的信任。

如果你想做个能得到他人信任的人，要让别人认为你的头脑清晰，判断准确，那么你一定要努力做到件件小事都冷静对待，处理得当。有些人做事时，尤其是做一些琐碎的小事时，往往敷衍了事，本来完全可以做得好些，可是他们却随随便便，这样无异于减少他们成为冷静处事人物的可能性。还有些人一旦遇到了困难，往往不谨慎地判断，而是只图方便草率了事，使困难不能得到圆满的解决。

如果你能常常迫使自己去做你认为应该做的事情，而且竭尽全力去做，不受制于自己贪图安逸的惰性，那么你的品格与判断力，必定会大大地提高。而你自然也会被人们所承认，成为"思路清晰、判断准确"的人。

因为有些人常常懒于思考，或者说没有进行有突破性的思考，这就叫惰性思考。一个要试图突破困局的人，在这一点上头脑应该非常清醒，拒绝惰性思考。

世上有很多人常常认为自己很缺乏思考能力。这些人到底为

第二章　思路决定出路

什么会这般讨厌思考呢？

他们讨厌思考、不喜欢做决定的理由之一，就是他们必须聚精会神地关注如何解决问题。而解决问题就要涉及方方面面的关系和因素，这对一般人来讲，是一件很"累"的事，因为它就像调动千军万马一样复杂。

注意力很容易被新奇事物所分散。我们要将心思集中在解决问题的核心上却相当的困难，大多数人在顷刻间便让注意力偏离了问题的核心。

当我们在做判断时，整个心思必须停留在特定的问题上。当然你也必须了解，事实上一个人的心思无法完全做到集中在整个问题上，所以我们的思考过程经常容易受到外界的影响。

因此，我们在思考某一问题时，应该将相关因素全部写出。

当我们拿出纸笔之际，应该能全面了解正在进行的事态。我们之所以对自己该决定的问题未能做出决定，原因之一就是深恐一旦实行了自己所做的决定会惨遭失败。这个恐惧心理正是让我们迟疑不决的重要因素。一旦拿起笔纸，正视事情的存在，我们这种畏惧的心理就会自然消失。当我们消除了畏惧之后，对自己的决定也就不再疑惑了。

现实的恐怖，并不如想象的恐怖来得可怕。面对恐怖，越是了解其真面目，就越不会觉得它恐怖。

要如何决定才是正确的呢？如果连自己也不知道的话，不妨试着将可以衡量的相关因素全部写出来。以一位准备"跳槽"的先生为例，将各种相关因素全部列出：

· 如果转任新职的话，每年可增加1万元的收入。

· 但我在原公司工作10年的资历势必牺牲。

· 我的年终奖金恐怕也就没了。

· 新公司的工作环境较好。

· 新公司的工作感觉较辛苦。

· 现在我的工作能力已到了目前薪水的界限。

· 我已 40 岁了，并不想去冒很大的风险。

· 我不想碰运气。

· 我喜欢认真工作的人，对于新公司的人际关系我并不是很了解。

· 新公司是成长性更为久远的公司。

将这些必须考虑的因素列出来，比其他任何方法更能帮助你做出明智的决定。这个技巧的确可以提供给你一个思考和判断的新基础。

只凭着空想而期望正确的思考结果是非常困难的，但只要将解决问题的想法写在纸上，便会很容易集中精神做出正确的思考。

因此，我们应将注意力集中于第一目标上。在第一目标找出之后，应清楚地写在一张明信片大小的纸上，然后把它贴在自己容易看见的地方，譬如洗脸台旁、梳妆台镜子上等，甚至每天在睡觉前或起床后，便面对它大声念一遍。也可利用脑中有空闲的时候，来思考如何解决这件事情，并常常想象自己成功时的情景以鼓励自己。

如此持续一段时间之后，相信你会越来越感觉到自己正在走向目标的途中。但必须注意，这种方法肯定需要经过一段时间后才会显出它的效果和成绩，如果只做一两天，是不可能收到什么效果的。此外，必须以积极的态度从事这种强化欲望强度的方法，否则就没有意义了，而且任何一丝消极的意念都有可能前功尽弃。

第二章　思路决定出路

若想经常维护强烈的欲望，信心是不可或缺的灵丹妙药。但话又说回来了，灵丹妙药服下之后，也还是需要一段时间才能遍布全身的。

经过一段时间之后，通过你的思考，卡片上的文字逐渐发生了变化——原本困难的问题已经转变成清晰的解决问题的思路，这便奠定了你突破人生困局的基础。

从逆向思维寻求突破

有一位大企业集团的董事长，他觉得自己年纪太大了，想把位子交给年轻人，可是又不知道该交给哪一位好。于是他就想出一个办法来。

有一天，他把集团的总经理和副总经理两个人叫到办公室来，说明他想退休的想法，打算从他们两人之中选一个来接替他的位子。为了公平起见，他就出一个考题来考考他们，谁能在最短的时间内说出最好的答案，就是下一任的董事长。

于是，老董事长出了个题目：如果你们两个人都有一匹马，两匹马要赛跑，然而，比赛重点却不在比快，只要谁的马最慢跑到终点，谁就赢了。请问你们该怎么做？

总经理听完之后马上举手说道："这很简单，我会尽量拉住自己的马，不让它前进。"

董事长听了摇摇头叹口气，这时副总经理却说："我会骑上对方的马，快马加鞭地到达终点！"

这个出人意料的妙答，让副总经理顺利地当上了下一任董事长。

在很多年前的一次欧洲篮球锦标赛上，保加利亚队与捷克斯洛伐克队相遇。当比赛只剩下 8 秒钟时，保加利亚队以 2 分优势领先，且拥有发球权，这场比赛对保加利亚队来说已稳操胜券，但是，那次锦标赛采用的是循环制，保加利亚队必须赢 6 分才能取胜。可要用仅剩下的 8 秒钟再赢 4 分绝非易事。怎么办？

这时，保加利亚队的教练突然请求暂停。当时许多人认为保加利亚队被淘汰是不可避免的，该队教练即使有回天之力，也很难力挽狂澜。然而等到暂停结束比赛继续进行时，球场上出现了一件令众人意想不到的事情：只见保加利亚队拿球的队员突然运球向自己篮下跑去，并迅速起跳投篮，球应声入网。这时，全场观众目瞪口呆，全场比赛结束的时间到了。当裁判员宣布双方打成平局需要加时赛时，大家才恍然大悟：保加利亚队这一出人意料之举，为自己创造了一次起死回生的机会。加时赛的结果是保加利亚队赢了 6 分，如愿以偿地出线了。

如果保加利亚队坚持以常规打完全场比赛，是绝对无法获得真正的胜利的，而往自家篮下投球这一招，颇有以退为进之妙。在一般情况下，按常规办事并不错，但是，当常规已经不适应变化的新情况时，就应解放思想，打破常规，善于创新，另辟蹊径。只有这样，才可能化腐朽为神奇，在近乎绝望的困境中寻找到希望，创造出新的生机，取得出人意料的胜利。

当我们在生活中遇到走到路的尽头、无路可走的情况时，回过头来，绕道而行便可以找到一条新路了，所以世上并没有绝路。而我们之所以会感到面对"绝路"，那是因为我们自己把路给走绝了，或者说我们的思路狭隘，缺乏创新的意识。

第二章 思路决定出路

麦克是一家大公司的高级主管，他面临一个两难的境地。一方面，他非常喜欢自己的工作，他很喜欢伴随工作而来的丰厚薪水——他的位置使他的薪水只增不减。但是，另一方面，他非常讨厌他的老板，经过多年的忍受，最近他发觉已经到了忍无可忍的地步了。在经过慎重思考之后，他决定去猎头公司重新谋一个别的公司高级主管的职位。猎头公司告诉他，以他的条件，再找一个类似的职位并不费劲。

回到家中，麦克把这一切告诉了他的妻子。他的妻子是一名教师，那天刚刚教学生如何重新界定问题，也就是把你正在面对的问题换一个角度考虑。把正在面对的问题完全颠倒过来看——不仅要跟你以往看问题的角度不同，也要和其他人看这问题的角度不同。她把上课的内容讲给麦克听，这给了麦克很大启发，一个大胆的创意在他脑中浮现。

第二天，他又来到猎头公司，这次他是请公司替他的老板找工作。不久，他的老板接到了猎头公司打来的电话，请他去别的公司高就。尽管他完全不知道这是他的下属和猎头公司共同努力的结果，但正好这位老板对于自己现在的工作也厌倦了，所以没有考虑多久，他就接受了这份新工作。

这件事最美妙的地方，就在于老板接受了新的工作，他目前的位置空出来了。麦克申请了这个位置，于是他就坐上了以前他老板的位置。

这是一个真实的故事，在这个故事中，麦克本意是想替自己找个新工作，以躲开令自己讨厌的老板。但他的太太教他换个角度想问题，就是替他的老板而不是他自己找一份新的工作，结果，他不仅仍然干着自己喜欢的工作，而且摆脱了令自己烦心的老板，还得到了意外的升迁。

在现实生活中，当你身处困局时，也不妨换一换视角，或许答案就会豁然清晰了。

做任何事不要优柔寡断

古波斯国的一位老国王想选一个接替者。一天，他拿出一根打着结的绳子当众宣布：解开此结者可以继承王位。应试者众多，但谁也解不开。一位青年上前看了看，发现那是根本无法解开的死结，他不去解，而是拿刀去剁，刀落结开，众人惊叹不已。老国王让人们去解解不开的结，其用意显然是考察应试者的应变力。这个青年的思路超出众人之处，就在于他不是费力去解，而是想如何使之"开"。用刀去剁，不只表现了智，而且显示了胆识。这个故事告诉我们：面临难解的死结时，有勇无谋不行，多谋寡断也不行，要想避免当断不断带来的危害，我们需要快刀斩乱麻式的决断，就好像你原来置身在一个嘈杂混乱的场所，忽然有人把按钮一关，一切都在瞬间归于宁静，使你立刻感觉神清气爽。你发现，原来刚才的一番混乱只是一种幻觉，而你那认为不可终日的烦恼也顿消皆无。

关于一件事情的对与错、是与非，不能当机立断是很危险的。你认为有价值的、对自己有利的，就要当机立断。你认为不符合自己利益的就干脆不干。不论做任何事情，只要认为应该做的就去做。如果有一天不想做了，就立刻退出或另谋出路。做任何事情，优柔寡断总是要吃亏的。何况世界上根本不存在什么绝对的正确

第二章 思路决定出路

与绝对的错误。

华裔电脑名人王安博士,声称影响他一生的最大的教训发生在他6岁之时。有一天,王安外出玩耍,路经一棵大树的时候,突然有什么东西掉在他的头上,他伸手一抓,原来是个鸟巢。他怕鸟粪弄脏了衣服,于是赶紧用手拨开。鸟巢掉在了地上,从里面滚出了一只嗷嗷待哺的小麻雀,他很喜欢,决定把它带回去喂养,于是连鸟巢一起带回了家。王安回到家,走到门口,忽然想起妈妈不允许他在家里养小动物。所以,他轻轻地把小麻雀放在门后,急忙走进室内,请求妈妈的允许。在他的苦苦哀求下,妈妈破例答应了儿子的请求。王安兴奋地跑到门后,不料,小麻雀已经不见了,一只黑猫正在那里意犹未尽地擦拭着嘴巴。王安为此伤心了好久。由这件事,王安得到了一个很大的教训:只要是自己认为对的事情,绝不可优柔寡断,必须马上付诸行动。

拿出"舍卒保车"的勇气

在美国缅因州,有一个伐木工人叫巴尼·罗伯格。一天,他独自一人开车到很远的地方去伐木。一棵被他用电锯锯断的大树倒下时,被对面的大树弹了回来。罗伯格站在他不该站的地方,躲闪不及,右腿被沉重的树干死死压住,顿时血流不止。

面对自己伐木生涯中从未遇到过的失败和灾难,罗伯格的第一个反应就是:"我该怎么办?"他看到了这样一个严酷的现实:周围几十里没有村庄和居民,10小时以内不会有人来救他,他会因为流血过多而死亡。他不能等待,必须自己救自己——他用尽全身力气抽腿,可怎么也抽不出来。他摸到身边的斧子,开始砍树。因为用力过猛,才砍了三四下,斧柄就断了。

罗伯格真是觉得没有希望了，不禁叹了一口气。但他克制住了痛苦和失望。他向四周望了望，发现在不远的地方，放着他的电锯。他用断了的斧柄把电锯钩到身边，想用电锯将压着腿的树干锯掉。可是，他很快发现树干是斜着的，如果锯树，树干就会把锯条死死夹住，根本拉动不了。看来，死亡是不可避免了。

　　在罗伯格几乎绝望的时候，他想到了另一条路，那就是——把自己被压住的大腿锯掉！

　　这似乎是唯一可以保住性命的办法！罗伯格当机立断，毅然决然地拿起电锯锯断了被压着的大腿，并迅速爬回卡车，将自己送到小镇的医院。他用难以想象的决心和勇气，成功地拯救了自己！

　　生活中的困局千变万化，而人们又往往会采取习惯性的措施和办法——或以紧急救火的方式补救，或以被动补漏的办法延缓，或以收拾残局的方法打扫……虽然这些都是处于困局中的有效的化解手段，但在形势危急而又不可避免的险境之下，我们要学会"舍卒保车"。

　　一位哲学家的女儿靠自己的努力成为闻名遐迩的服装设计师，她的成功得益于父亲那段富有哲理的告诫。父亲对她说："人生免不了失败。失败降临时，最好的办法是阻止它、克服它、扭转它，但大多数情况下常常无济于事。那么，你就换一种思维和智慧，设法让失败改道，变大失败为小失败，在失败中找成功。"是的，失败恰似一条飞流直下的瀑布，看上去湍湍急泻、不可阻挡，实际上却可以凭借人们的智慧和勇气，让其改变方向，朝着人们期待的目标潺然而流。就像巴尼·罗伯格，当他清楚用自己的力气已经不能抽出腿，也无法用电锯锯掉树干时，便毅然将腿锯掉。

第二章　思路决定出路

虽然这只能说是一种失败，却避免了任其发展下去会导致的更大失败，舍卒保车，终于赢得了宝贵的生命。相对于死亡而言，这又何尝不是一种成功和胜利呢？

突破困局的路不止一条

当诺贝尔研究出威力强大的硝化甘油新型火药时，有人认为他是在为战争贩子提供杀人利器。因此，他的工厂门前经常有人举着牌子抗议和示威。

然而，更麻烦的事情是当时落后的生产工艺。在火药生产过程中，诺贝尔工厂发生过多次爆炸事件，一些人死于非命，其中包括诺贝尔的弟弟。诺贝尔本人也负伤累累。市民们不能容忍一座危险的火药桶安放在他们中间，纷纷向市政府请愿，要求关闭诺贝尔工厂。市政府顺从民意，强令诺贝尔工厂迁出城外。

无奈之下，诺贝尔决定将工厂整体搬迁。但是，搬到哪儿去呢？这座城市周围是大片水域，陆地面积很小，任何一个居民都不会接受一座会爆炸的工厂。看来只有迁往人烟稀少的偏远山区才不会有人反对，但昂贵的运输费用却使诺贝尔难以承受。以当时的技术条件，也很难保证在长途搬运过程中不会发生爆炸事故。

怎么办？诺贝尔陷入进退两难的困局。

有人劝诺贝尔干脆别干了。世上值得一干的事业多着呢，何必一定要做这种吃亏不讨好的买卖？但诺贝尔却不是一个轻言放弃的人，无论付出多大代价，也要将自己钟爱的事业进行到底。他想，工厂搬迁，需要满足人烟稀少、费用节省、运输安全三个条件，而这三个条件却是相互矛盾的。他冥思苦想，终于想到一个主意：将工厂建在城外的水面上。在那个年代，这的确是一个异想天开的构想，却是能同时满足上述三个条件的唯一办法。

以当时的技术条件，在水面建厂的难度太大。诺贝尔的做法是：以一条大驳船做平台；将工厂比较不安全的部分生产车间、火药仓库建在上面，用长长的铁链系在岸上；将工厂其余部分建在岸上。一个老大难问题就这样解决了。

突破困局通往成功的路不止一条。当我们感到迷惘的时候，当我们犹豫不决的时候，我们是否可以这样想想：这一事物的正面是这样，假如反过来，又将怎样呢？正面攻不下，可否侧面攻、后面攻？

世上只有难办的事，却没有不可能的事。凡事都有解决办法。当常规方法行不通时，打破思维定势，难题也许就会迎刃而解。

大路车多走小路

一位乘客上了出租车，并说出了自己的目的地。司机问："先生，是走最短的路，还是走最快的路？"乘客不解："最短的路，难道不是最快的路吗？"司机回答："当然不是。现在是上班高峰，最短的路交通拥挤，弄不好还要堵车，所以用的时间肯定要长。你要有急事，不妨绕一点道，多走些路，反而会早到。"

生活中有很多时候我们会遇到类似的困境，虽然条条大路通罗马，但最快的路不一定是最短的路，到达目的地最短的路可能会因某种原因使我们浪费更多的时间。

林肯曾经说过："我从来不为自己确定永远适用的政策。我只是在每一具体时刻争取做最合乎情况的事情。"英国大科学家、电话的发明者贝尔说："不要常常走人人去走的大路，有时另辟蹊径前往云林深处，那里会令你发现你从来没有见过的东西和景物。"

20世纪60年代，德国奔驰车受到日本大量优质低价车的冲击，其日子逐渐难过起来。怎么办？世界上最早的一辆汽车就叫奔驰，难道它已经老态龙钟，不再适应社会而不能继续奔驰下去了？

奔驰的掌门人埃沙德·路透绝不会答应奔驰车在自己的手里抛锚。这个雄心勃勃的德国人，给奔驰车选择了一条与众不同的道路。他保证这条与众不同的道路，将会令奔驰车再次迅速而又平稳地奔驰起来。

路透为奔驰车选择的是一条高价路线："奔驰车将以两倍于其他车的价格出售。"路透似乎早已下定了决心，他知道如果设法提高奔驰车的质量，以优质为基础的高价必能带给消费者无上的尊贵感、满足感。

为了激励全体员工共同实现新的目标，路透感觉到有必要亲自到车间和试验场去身体力行一番。他当然知道这种逆风而行的一步如果成功，将给奔驰公司带来多么高的荣誉，但他更清楚这一步一旦失败会有多么大的损失。他必须鼓起所有的勇气走好这一步险棋。

路透和他所率领的公司永远都不愿充当像恐龙那样不适应变化的角色。在奔驰600型高级轿车问世之前，路透便对他的技术专家们说："我最近想出了一则很优秀的汽车广告，当然是为咱们奔驰想的。这则广告是：'当这种奔驰轿车行驶的时候，最大的噪声来自于车内的电子钟。'我准备把这种奔驰车定价为17

万马克。"专家们当然明白总裁的意思，却仍不免大吃一惊：17万马克，买普通轿车要买好多辆啊！

也许是总裁的表现感动了那些专家，他们废寝忘食地工作，以惊人的速度成功地把新型优质奔驰轿车献给了埃沙德·路透。路透宣布将奔驰轿车的价格提高一倍。这个命令不仅让整个德国震惊，更是让全世界的汽车工业惊惶不已。

路透的愿望很快变成了现实，闻名世界的高级豪华型轿车奔驰600问世了，它成了奔驰轿车家族中最高级的车型，其内部的豪华装饰、外部的美观造型、无与伦比的质量莫不令人叹为观止。很快，各国的政府首脑、王公贵族以及知名人士都竞相挑选奔驰600作为自己的交通工具，因为拥有它不仅仅是财富的象征，更是名声的体现。

现在，奔驰汽车公司已是德国汽车制造业的老大，也是世界商用汽车的最大跨国制造企业之一，奔驰汽车以优质高价著称于世且历时百年而不衰。

当其他企业大多走降低成本、降低商品价格的道路来达到增强竞争能力的目的时，奔驰公司却走了一条小路。这不能不算是给很多人的某种启示。

当很多人在朝同一条大路上挤的时候，只要你拥有足够的谋略、实力和信心，另谋小路而取之，也许会到达得更快、更轻松。

直路不通走弯路

如果把一只蜻蜓放飞在一个房间里，它会拼命地飞向玻璃窗，但每次都碰到玻璃上，在上面挣扎好久恢复神志后，会继续在房间里绕上一圈，然后仍然朝玻璃窗上飞去，当然，它还是"碰壁而回"。

其实，旁边的门是开着的，只因那边看起来没有这边亮，所以蜻蜓根本就不会朝门那儿飞。追求光明是大多数生物的天性，它们不管遭受怎样的失败或挫折，总还是坚决地寻求光明的方向。而当我们看见碰壁而回的蜻蜓时，应该从中悟出这样一个道理：有时，我们为了达到目的，选择一个看来较为遥远、较为无望的方向反而会更快地如愿以偿；相反，则会永远在尝试与失败之间兜圈子。

百折不回的精神虽然可嘉，但如果望见目标，而面前却是一片陡峭的山壁，没有可以攀援的路径时，我们最好是换一个方向，绕道而行。为了达到目标，暂时走一走与理想相背驰的路，有时正是智慧的表现。

鲁迅先生曾说过："其实地上本没有路，走的人多了，也便成了路。"而世间之路又有千千万万，综而观之，不外乎两类：直路和弯路。

毫无疑问，人们都愿走直路，沐浴着和煦的微风，踏着轻快的步伐，踩着平坦的路面，这无疑是一种享受。相反，没有人乐意去走弯路，在一般人眼里弯路曲折艰险而又浪费时间。然而，在人生的旅程中是弯路居多，山路弯弯，水路弯弯，人生之路亦弯弯，所以喜欢走直路的人要学会绕道而行。

学会绕道而行，迂回前进，适用于生活中的许多领域。比如当你用一种方法思考一个问题或做一件事情，遇到思路被堵塞之时，不妨另用他法，换个角度去思索，换种方法去重做，也许你就会茅塞顿开，豁然开朗，有种"山重水复疑无路，柳暗花明又一村"的感觉。

绕道而行，并不意味着你面对人生的困难而退却，也并不意味着放弃，而是在审时度势。绕道而行，不仅是一种生活方法，更是一种豁达和乐观的生活态度与理念；大路车多走小路，小路人多爬山坡，以豁达的心态面对生活，敢于和善于走自己的路，这样你永远不会是一个失败者，而是一个开拓创新者。

第二章　思路决定出路

第三章 | 冲破职场桎梏

没有哪一个时代的职场，如此攸关我们的人生；没有哪一个时代的职场，有着如此多的问题出现……冲破职场的桎梏，做最优秀的自己！

从某种角度讲，上班难免会受点委屈，看上司脸色也是必然的事情。但除了泄点恨之外，打油诗所写的未必都是实情。在过去某些地方，也许真的有"少做少错，多做多错"的现象，但是现在很多单位都必须讲究效率，要自负盈亏，因此，只靠推诿责任、拍马升官的人毕竟有限。

偷偷地发泄一下没关系，但如果你一味地认为这个世界上会出头的都是混蛋，只拿愤世嫉俗来替代反省自己的机会，那就会在自己编织的困境中毁了前程。

讨薪有技巧

柴米油盐等生活必需品一涨再涨，房价就像氢气球一样只升不跌……唯独，自己的工资涨幅不大。在私企的上班族心里就会有很多小九九了：为什么别的同类公司的同种职位工资要比我高？为什么同事涨了五百而我只涨了三百？为什么……

"薪情"不佳时，我们该怎么办？是骑驴找马，还是找老板谈判，或者干脆忍受？

当人们谈论工作究竟是为什么的时候，可能有很多不同的回答，但是，谁都不能否认我们是为利益而工作，如金钱、福利、职务、荣誉等，否则就显得太虚伪了。在当今社会中，我们说为利益而工作是正大光明的。

不会争利一般有两种表现：一种是不敢争利，甚至连自己应该得到的也不敢开口向老板提要求，怕给老板造成不良印象，大有"君子不言利"的味道；另一种是过分争利，利不分大小，有则争之，结果常常跟在老板屁股后喋喋不休地讲价钱，要好处，把老板追得烦不胜烦。其实这两种人都是不会争利的，争利也有个技巧问题。

在一个工作群体中，在利益面前，不要逆来顺受，也不要过分谦让，应该大胆地向上司要求自己应当得到的。

干好本职工作是分内的事，要求自己应该得到的东西也是合情合理的，付出越多，得到的就应该越多。

只要你能为老板干出成绩，向老板要求你应该得到的利益，他也会满心欢喜。若你无所作为，不管在利益面前表现得多么"老实"，老板也不会欣赏你。

有的人认为向老板要求利益，就肯定要与老板发生冲突，给自己找麻烦，影响上下级间的关系，于是什么都不敢提，结果常常是一事无成。

实际上，从领导艺术上讲，善于控制下属的老板也善于将手中的利益作为笼络人心、激发下属的一种手段。由此可见，下属要求利益与老板把握利益是一个积极有效的处理上下级关系的互动手段。

要知道，一个有价值的员工，一个有成就的员工，为自己争取利益是理所应当的。

任何人都希望自己的加薪要求获得通过，但是怎样说服老板而达到这个要求呢，那需要讲究一定的策略。

1. 知己知彼

首先要清楚自己的价值和市场行情，在谈判中你就将占有主动权。当老板问你要求的薪金时，回答得过高或过低都将影响你在老板面前的说服力，因为通过这件事老板就能够明白你是否做过调查。

不经过调查就没有发言权，否则主动权就掌握在老板的手中了，最多你提出的加薪问题只是一个"自以为是"的问题。

其次还要提出加薪的理由。通过与其他相同类型公司的分析对比，通过自己的工作量和所负责的工作及能力表现，你与其他人的对比和经济效益等，使你的理由充分、到位。

加薪的理由中影响最大的一项是：公司的付出与你的产出之比。加薪理由中最充分的一点是：你的职责的扩大，即具有较大的发展潜力是公司需要通过加薪将你留住的一个因素。良好的人际关系和工作能力是每个公司都需要的，常常起到调合剂的作用，也是加薪的理由之一。

再有，明确谁能够真正决定你的薪金。这样可以利用间接关系或直接关系来进行联络而获得顺利通过。

提出加薪，特别是第一次，对每个人来说都是非常困难的，因为你要赤裸裸地谈钱。这对于我们来讲确实难以适应，我们习惯了被施舍的生活，而不能自己去争取更好的生活。但是一定要改变这种观念，命运是掌握在自己手中的，要树立自信心，认识到自己创造的价值，应当得到更多的回报。

一旦请求加薪的要求没有得到批准，千万不要气馁，既要寻找自己的原因，是不是自己真的就只值这些钱了，还要考虑是不是自己的对策有问题，是不是自己做事情没有被发现或被真正了解。经过分析之后再采取行动，最干脆的办法就是跳槽走人，寻找自己真正的价值。

2. 巧用比较

通过比较的办法，借用其他地方的标准，来促使老板答应自己的加薪要求，是一种比较易于接受的方式。

我有一个朋友，在北京一家公司做业务主管，他认为自己每月 8000 的薪水有些偏低。可是看到其他的同事向老板提出加薪大都没有被批准，因此他采取了一个策略。

利用到广州出差的机会，到广州一家公司参加了应聘，那家公司答应每月 1 万元的薪水。回到公司以后，他也没有直接去找上司谈，而是把这件事有意无意地透露给了他的同事。结果，过了没几天，老板找到他，宣布要把他的薪水涨到每月 1 万元。

其实，他根本没有去广州的打算，他应聘只是为了让上司能够心甘情愿地给他涨工资。若不这样做，他的加薪请求恐怕也会遭到和其他同事一样的命运。

通过这种方法为自己加薪，在职场中有很多类似的例子。老板不是不知道你的价值，只是含糊其辞，不愿意多付出那笔钱而已，在很多的公司都有这样的情形。当他们知道将要失去一个成熟的员工时，就会采取加薪的办法来挽留人才。

跳槽，把自己推向市场，看自己究竟"值"多少钱。

但是是否所有的跳槽都会满足你加薪的要求呢，答案是否定的。因为当你辞职时，许多不确定的因素都摆在了你的面前，比如暂时没有了经济来源，你原来确定的公司忽然不想再要人等诸如此类的问题会接踵而来。

在跳槽之后几个月的时间内，你一直在不停地忙碌着，这也是随行就市的一种特点，一旦你不再适应这种生活，你的价值也将下降。

跳槽之前应当首先清楚自己有没有把握获得更高的薪金，还要了解你的适应能力有多强，做各种比较之后，再确定到底如何做才是最合适的。当你确定跳槽时，就义无反顾地向前冲。

晋升也需讲策略

眼看着和自己一同进公司的人一个又一个地随着公司的发展，走上了公司提供的更大的舞台，担起了更重的担子，当然也有了更加丰厚的薪水，三十岁的吴涛再也坐不住了。而立之年的男人，谁不渴望"当官"呢？

几天前，吴涛得知本部门的经理将要调去上海开拓市场。公司高层有意在部门里提拔一个人补经理的缺。晋升的机会来了，各种小道消息在部门里蔓延。在面临这样的机会时，要不要主动地找上司反映自己的愿望，提出自己的要求呢？这是吴涛为之而苦恼的事情。因为，如果他不去要求，很可能就会失去机会；而如果他去要求，又担心上司会认为自己过于自私，争名夺利，究竟该怎么办呢？

其实，实事求是地向上司反映情况，提出自己的愿望和要求，绝不属于自私和争利的范畴，而是十分正当的。在平等的机会面前，我们每个人都有权利去获得自己应该得到的东西。而且，作为上司来说，由于时间和精力的有限性，他不可能完全了解每个人的情况，有时也可能会被一些表面现象蒙蔽，以至于犯片面性的错误。既然如此，我们自己为什么不可以主动地帮助上司了解情况，以便上司做出更为公允和明智的决定。相反，如果你不去反映情况，则只能失去这次机会了。

然而，这时也应该注意一个问题。众所周知，每一次的晋级名额常常是非常有限的，僧多粥少，不可能人人有份。在这种情况下，你在向上司主动提出要求之前最好事先做一番评估，看看这次指标数究竟是多少，并就部门的各个人选做一番排队分析。如果说自己的条件很有可能入选，或者说有一定的机会，但存在着竞争，这样你便可以而且应该去向上司提出要求。如果排队下来的结果表明自己的希望十分渺茫，那么，趁早自己放弃。因为在这种情况下你再如何主动要求，实现的可能性也是很小的，而且上司会认为你太过分，不明智，你不如韬光养晦，苦心修炼。

我的一个朋友向我诉苦，说自己在一个大公司里干了6年，却一直默默无闻，既无大功也没大过，因此一直得不到提拔。他认为自己有一肚子的才学却得不到施展，为此很是苦恼。"这分明是命运与我作对嘛！一些比我后进公司的人都升了官，唯独我……"朋友愤愤不平。

　　逆境既是一种挑战，又是一种机会。

　　冯谖本来是一个贫穷人士，他勤学上进，虽粗茶淡饭，但其学识远近闻名，而其家中经常无隔夜之米，吃了上顿没有下顿，受贫穷所迫他只得托人将自己推荐给孟尝君做门客。开始时他先被安排在三等地方居住。

　　几天之后，孟尝君问管家："新来的冯先生是否习惯了生活？"管家说："他很无聊，每天抚剑自唱，哀叹我们供应的食物太差，连鱼都没有。"孟尝君听了之后将冯谖搬到二等房。

　　又过几天，孟尝君又问冯谖的情况，管家说冯谖仍抚剑自唱，哀叹出门没有车坐。于是孟尝君又将他搬到头等房，从此出门可以享受坐车的待遇。

　　又过几天，孟尝君再问冯谖的反应，管家极为不满地说："他贪得无厌，得寸进尺，现在又说自己不能照顾奉养老母。"于是孟尝君又派人送金银、食物给他母亲，使冯谖安下心来。

　　"受人滴水之恩，当以涌泉相报""士为知己者死""知恩图报"是古人的人生原则，冯谖后来表现出了非凡的才智和过人的胆识，挽救了孟尝君濒临绝境的事业。

　　冯谖是积极进取的，不甘平凡，不甘平淡，使自己才尽其用，而比冯谖更积极，更勇于表现自己才能的是毛遂。

　　毛遂在赵国丞相平原君门下过着平庸的食客生活，三年来一

直没什么表现。

一天，平原君要到楚国去求救兵，由于任务艰巨，需要挑选二十人同行，但左挑右选只有十九个，始终缺少一位，此时毛遂自告奋勇，将自己荐到平原君面前。平原君知道他寄居门下三年以来毫无作为，便说："有才能的人好像锥子放在口袋里，尖头立刻刺破口袋而凸出来，你在这里三年了，仍没有特殊表现，还是留在家中算了。"

毛遂却说："从今天起，我才走入布袋之中，如果机遇早点到，我早就脱颖而出了。"

平原君无可奈何只有接纳毛遂，凑足二十个人，出使楚国，搬请救兵。结果全凭毛遂的力量，平原君才不辱使命。

冯谖、毛遂的成功都是在默默无闻的环境中，积极进取，很好地把握机会推销自己，我们的古人如此，处于现代文明社会的我们又该如何做呢？

1. 借梯上楼

一个人要想获得提升，除了靠自己的努力奋斗外，有时还要借助他人的力量。因此，找个引荐者不失为一条实现自我愿望的好途径。一般来说，引荐者的名望越大、地位越高，对你的成功越有帮助；他就是令你扶摇直上的"好风"，他的威信和影响对你都有用处。

2. 单刀直入

求见掌管你升迁大权的人，指出权力的扩大会使你为公司带来更大的回报，告诉他我是这个职位最合适的人。要做好他问"为什么"的准备。在阐述你的"施政纲领"时，不要用"大约"、"可能"、"估计"之类的词。你的态度要自信而不自负，恭敬而不谄媚。最后，你还可以告诉他，你的升迁能让别人认识到出色的工作是会得到奖赏的。要使他信服地认可，你确实需要动一番脑筋，但是这种努力多半是不会白费的。

3. 敲山震虎

最具有杀伤力的办法是"敲山震虎"，跟你的老板摊牌："不让我晋升我就走。"如果公司真的需要你，就不得不考虑重用你。不过，在使出这一招杀手锏的时候，你可得有十足的心理准备，不然骑虎难下时，你可能真的随时得走。敲山震虎、挟洋自重常是很有效的方法，但也是很危险的牌。

你必须很清楚自己手上有什么，知道上司要什么才行。须知，稍一不慎反而要吃大亏。此外，你跟上司摊牌的方式也大有讲究。如果你当真大摇大摆地走进老板办公室，直截了当地说："你不给我加薪，我就走。"十之八九，你只有走人一条路了。上司是不会轻易接受这种威胁的。你如果要打你这张底牌，还是采取比较婉转的方式为宜。如暗示老板，有公司对自己有意，或轻微地发点牢骚，表示自己在这个岗位做腻了想换个岗位……再看对方的反应如何。

工作难以胜任是去还是留

晓菲是通过好朋友进入公司的，刚进入公司时在项目部中做职员。因为朋友是公司高层，晓菲对自己的前途非常乐观。果然，一年之内她就连续升职直至坐上项目部经理的位子，完全负责项目部的运作。

第三章　冲破职场桎梏

晓菲虽然在项目部工作了一年，有了一些工作经验与心得，但对于担当如此大任还是准备不足。从宣布自己为经理的那一天起，晓菲就没睡过好觉。不仅研究自己所做的东西，也时刻关注同行，她发现自己突然多出很多需要学习的东西。这是她在做职员的时候没有感受到的。

也许对于大多数人来说，这是一个灰姑娘变公主的故事，但灰姑娘在成为公主后，要适应宫廷的各种斗争、礼仪、规范与束缚，都是一个痛苦的过程。因此童话往往在灰姑娘变成了公主后就戛然停笔，否则童话会变得残酷而不是美丽。就像我们故事中的晓菲，她常常感到自己马上或者已经撑不下去了，她甚至希望不要这个机会，或者让机会能来得晚一些。

感觉自己不能胜任工作的情况，常常发生在工作或职位的变化之初。感觉自己不能胜任工作的原因有很多：性格相左，能力不足，自信不足……如果性格使其不能胜任工作，最好是趁早放弃。有些职业对工作者的性格有要求，比如沟通能力、说服影响能力，这些能力有时候是与生俱来的，后天很难补足，如果是由于天性的东西而不能胜任，就没有必要尝试或坚持，比如销售员的工作，很多性格腼腆、不愿与人交流的人就很难做下去。

如果因为环境恶劣，或者个人能力、知识不够，让工作显得难以承受，可以通过充电、进修或吃苦来弥补，就应该坚持下去。

对于自信不足的人来说，你应该相信自己。给了你这个机会与舞台，这至少是你有一定能力的证明，不要妄自菲薄。脚踏实地地努力工作，一个又一个的成功将给你增添自信。

对于是否有必要尝试自己不能胜任的工作，答案不是唯一的，这与不同工作的性质和求职者个人的情况是密切相关的。求职者的年龄不同，这个问题的答案也不同。

人35岁以后进入了成熟期，这个时期不要轻易再做出改变，即使不能胜任，也不要轻易放弃。因为这个年纪的人，改变的成本是很大的。再者胜任是相对的，今年胜任的工作，明年可能就不胜任了，也要通过不断的学习来弥补。

而对于面临就业的大学生来说，就业的机会不多，要看自己所处的环境。如果没有选择，即使不太肯定自己是否胜任，也可以尝试一下。在这个问题上，人力资源有个反面案例，按照彼得原理所讲，在企业内部，一个人总是被提拔到他不胜任的岗位，所以总要面临不胜任。

如果觉得自己实在不胜任，也不要这山看着那山高，下了山再爬上另一座山，下一个机会要和现在有连续性，断层太多就会浪费之前的积累。

大学生社会经验少，对自己也缺乏认识，所以对于一项工作是否能胜任，很难准确判断，所想的胜任或不胜任，都有夸大的成分。不同的职业有不同的科学性，每个人也有不同的特长，所以找准自己的方向很重要。即使尝试失败了，也不要在心里留下阴影，要从失败中学到东西。

能承认自己能力不足的人不会太多，大部分人都认为自己不是天才至少也是个干将。能力不足不要怕，怕的是你不知道自己能力不足，怕的是你不懂得如何提高自己的能力。

所谓的"能力"包括了专业的知识、长远的规划以及处理问题的能力，这并不是三两天就可培养起来的，但只要"勤"，就能很有效地提升你的能力。

"勤"就是勤学，在自己工作岗位上，一刻也不放弃，一个

第三章　冲破职场桎梏

机会也不放弃地学习。不但自修，也向有经验的人请教。别人睡午觉，你学；别人去娱乐，你学；别人一天只有二十四小时，你却是把一天当两天用。这种密集的、不间断的学习效果相当显著。如果你本身能力已在一般人水准之上，学习能力又很强，那么你的"勤"将使你很快在团体中发出亮光，为人所注意。

有些"能力不足"的人是真的能力不足，也就是说，先天资质不如他人，学习能力也比别人差，这种人要和别人一较长短是辛苦的。这种人首先应在平时的自我反省中认清自己的能力，不要自我膨胀，迷失了自己。如果认识到自己能力上的不足，那么为了生存与发展，也只有"勤"能补救，若还每天痴心妄想，不要说一飞冲天，有时连个饭碗都保不住！

对能力真的不足的人来说，"勤"便是付出比别人多好几倍的时间和精力来学习，不怕苦不怕难地学，兢兢业业地学，也只有这样，才能成为龟兔赛跑中的胜利者。

不要有"怀才不遇"的想法

有"怀才不遇"感觉的人，一种是真有才能，只是机遇未到或伯乐不至，只得屈就于草莽。另外一种"怀才不遇"的人根本是自我膨胀的庸才，他之所以无法受到重用，正是因为他的"无能"。但他并没有认识到这个事实，反而认为自己怀才不遇，到处发牢骚，吐苦水。

不管才干如何出众，你一定会碰上才干无法施展的时候。这时候就算你有"怀才不遇"的感觉，也最好不要表现出来，你越沉不住气，别人越看轻你。

那么难道就这样一辈子"怀才不遇"下去？不必如此，有几件事可以做：

——先评估自己的能力，看是不是自己把自己高估了。自己评估自己不客观，你可找朋友和较熟的同事替你分析，听听他们的意见。如果别人的评估比你自我评估还低，那么你要虚心接受。

——检讨自己的能力为什么无法施展，是无恰当的机会？是大环境的限制？还是人为的阻碍？如果是机会问题，那只好继续等待；如果是大环境的限制，那只好辞职；如果是人为因素，那么可诚恳沟通，并想想是否有得罪人之处，如果是，就要想办法疏通。

——考虑拿出其他专长。有时"怀才不遇"是因为用错了专长，如果你有第二专长，那么可以寻找机会去试试看，说不定就此打开一条生路。

——营造更和谐的人际关系，不要成为别人躲避的对象，反而更应该以你的才干协助其他的同事；但要记住，帮助别人切不可居功，否则会吓跑了你的同事。此外，谦虚客气，广结善缘，这将为你带来意想不到的助力。

——继续强化你的才干，当时机成熟时，你的才干就会为你带来耀眼的光芒！

最好不要有"怀才不遇"的感觉，因为这会成为你心理上的负担。

我那么有才，为什么没有人赏识我？那个人比我差多了，为什么他会得到领导的重用？我的伯乐在哪里？

总有不少人哀叹："生不逢时"、"怀才不遇"、"大材小用"；总是抱怨"为什么遇不到伯乐"、"为什么总是时运不济"，天天等伯乐上门发现。在市场竞争日趋激烈的今天，这种梦想有一天等到伯乐发现的观念，是远远落后于形势的。

你稍微留心一下就能发现，现在电视广告时间越拉越长，广告片越做越精致，广告投入越来越吓人。商家不惜血本来抢夺人们的眼球，目的很明确：使你认识它，记住它，购买它。

职场好比商场，企业是顾客，你就是产品。在这个商场里，各种类型、各种层面、各种价位的产品应有尽有。现在的顾客也越来越挑剔，常常挑到手酸眼花，还一个劲地抱怨："东西虽然不少，可合适的好像并不多。"

有些东西成了抢手货，供不应求的事实自然也让商品的价位水涨船高。有些则乏人问津，并且因为滞销，不得不靠低价来吸引顾客。

什么"酒香不怕巷子深"，什么"是金子总会发光的"，尽快忘掉这些老话吧！这些用来安慰失意者的止痛剂，现在居然被很多职场人士当作了滋补品。他们在阿Q精神的抚慰下，完全忘记了自己身处战场。

那些获得成功的职业人士，从来就不会停止对自己的宣传，他们的目的很明确：被认识、被记住、被购买。他们的信仰是"酒香还靠吆喝着卖"，"是金子就赶快去发光"。很难说他们的才能一定比你更强，但会吆喝的一定比不会吆喝的更容易卖掉。演员、歌手、律师、经理……又有谁能够例外？

除了不愿意吆喝，更多人是因为不懂怎么去推销自己。因为大多数中国人从小就知道做人最好谦虚、含蓄一点，推销自己是让大家不屑的。虽然人人都知道"毛遂自荐"的典故，可人们好像并不欣赏他。大家更喜欢像诸葛亮那样被"三顾茅庐"，觉得这样才有脸面。

可是细心的职业人士会发现，今天他们要面对的挑战，已经开始从"生产自己"向"销售自己"转移。我们需要走出去、带点微笑、张开嘴巴、勇敢而真诚地告诉别人我们是谁？能为他们带来什么？我们想得到什么？事情就这么简单。很多人不愿开口，你开了口，你就成功了。其实，聪明的诸葛亮若活在今天的话，他也一定会主动地找上刘备的门，而不会被动地等待所谓的"三顾茅庐"。

别太在乎自己的面子和架子，否则就不会有人在乎我们是谁。想要证明自己，最好先让别人认识你、记住你，有谁会去购买他们不知道的商品呢？努力地推销你自己！这甚至比提升你的才能还要重要。

一张报纸的头版非常醒目地刊出了年薪 50 万的"自我拍卖"文章——这是一位颇有才能的人的求职广告。为此，很多媒体纷纷报道、评论，公众为之哗然。"皇帝女儿不愁嫁"的时代已成了历史，如今是信息化时代，一个人想获得成功，不但要有真才实学，还要善于推销、包装、经营自我。

"花开堪折只须折，莫待无花空折枝。"有才能，就要尽情发挥。每个人都有潜能，都有自己的一技之长，但刚刚进入一个新的工作环境，没有人了解你的才能，上司看你就像一张白纸，工作做得好坏就看你的发挥了。

因此，要想怀才而遇，就必须才华外露。不露，就没人知道你有这种才能；不了解你，上司就没法重用、提拔你。如果你把本事隐藏起来，时日一久，上司就会认为你是无能之辈，不再理你了。

我们还要适时地为自己做些广告。只要看看当今媒介铺天盖地的广告就会明白，"酒香不怕巷子深"的年代，其去也远矣！当今是个能人辈出的时代。

著名管理顾问克利尔·杰美森对如何获得晋升提出了自己的看法，他说："许多人以为只要自己努力工作，顶头上司就一定会拉自己一把，给自己出头的机会。这些人自以为真才实学就是一切，所以对提高知名度很不经心，但如果他们真的想有所作为，我建议他们还是应该学学如何吸引众人的目光。"他的话指出了晋升的过程中一个至关重要的问题，那就是如何向上司、同事推荐自己，形成影响力，一般来说，要成功地推荐自己应注意以下几点。

第一，自己应有一定的实力，在推销自己时，人家不会觉得你在夸夸其谈。

第二，推销自己一定要选好时机，好钢要用在刀刃上，这样才更能引起别人的注意。

巧妙地推荐自己，这也是博得上司信任，化被动为主动，变消极等待为积极争取，加快自我实现的不可忽视的手段。常言道："勇猛的老鹰，通常都把它们尖利的爪牙露在外面。"这不是启示人们去积极地表现自我吗？精明的生意人，想推销自己的商品，总得先吸引顾客的注意，让他们知道商品的价值，这便是杰出的推销术。人，何尝不是如此？《成功的推销自我》的作者！霍伊拉说："如果你具有优异的才能，而没有把它表现在外，这就如同把货物藏于仓库的商人，顾客不知道你的货色，如何叫他掏腰包？各公司的董事长并没有像 X 光一样透视你大脑的组织，积极的方法是自我推销，如此才能吸引他们的注意，从而判断你的能力。"

当然，由于传统观念的根深蒂固，中国人都有一种极其矛盾的心态和难以名状的自我否定、自我折磨的苦楚，在自尊心与自卑感冲撞之下，一方面具有强烈的表现欲，一方面又认为过分出风头是轻浮的行为。但现在时代不同了，想做大事业，少一点拘谨、内向算得了什么？更新观念，大胆地推销自己吧！

用热屁股把冷板凳坐热

李先生是一家贸易公司的职员，在刚进公司时很受老板赏识，但不知怎的，在并没犯什么错误的情况下，他被"冷冻"了起来。整整一年，老板不召见他，也不给他重要的工作。他忍气吞声地过了一年，老板终于又召见他，给他升了职，加了薪！同事们都说他把冷板凳坐热了。

能力再强、机遇再佳的人也不可能一辈子一帆风顺，如果你是为人打工，便有坐冷板凳、不受到重用的可能。

为什么会坐冷板凳呢？有很多原因。

——本身能力不佳。只能做一些无关紧要的事，但也还没有到必须开除的地步。

——曾犯过重大的错误。在社会上做事不比在学校办社团。社团办失败也不会怎么样，在社会上做事一旦犯了错误，便会让你的上司和你的老板对你失去信心，因为他不可能再次用他的资本或职位来冒险，所以只好暂时把你"冰冻"起来。

——老板或上司有意的考验。人要做大事必须有面对挑战的勇气，面对考验的耐心，并且还要有身处孤寂的韧性。有时要培养一个人，除了让他做事之外，也要让他无事可做；一方面要观察，一方面要训练。这种考验事先不会让你知道，知道就不算是考验了。

——人事斗争的影响。只要有人的地方就有斗争，连私人公司，老板也会受到员工斗争的影响。如果你不善斗争，那么就很有可能莫名其妙地失了势，坐起冷板凳来。

——大环境有了变化。时势造英雄，很多人的崛起是由环境造成的，因为他的个人条件适合当时的环境，可是时移境迁，英雄也会无用武之地，这时候你就只好坐冷板凳了。

——上司的个人好恶。这没什么道理好说，反正上司或老板突然不喜欢你，于是你只好坐冷板凳了。

——你冒犯了上司或老板。宽宏大量的人对你的冒犯无所谓，但人是感情动物，如果在言语或行为上的冒犯惹火了上司，你便有坐冷板凳的可能。

——威胁到老板或上司。你能力如果太强，又不懂得收敛，让你的上司或老板失去安全感，那么你更会受到冷冻。老板怕你夺走商机去创业，上司怕你夺了他的地位，冷板凳不给你坐给谁坐呢？

坐冷板凳的原因还有很多，无法一一列举。而人一旦坐上冷板凳，一般都无法去仔细思考原因何在，只知成天抱怨。不过，与其在冷板凳上自怨自艾或疑神疑鬼，不如调整自己的心态，好好把冷板凳坐热。

人要寻找一片适合的天地本不容易。因此，只要你喜欢自己的"球队"，冷板凳也不妨坐定下来。上场竞技固然好，坐冷板凳也不要沮丧。运用以下方法，或许可以把冷板凳坐热。

首先，提高自己的能力。在不受重用的时候，正是你广泛收集、吸收各种信息的最好时机。能力提高了，当机会一来，便可跃得更高，表现得更亮眼！而在这段坐冷板凳期间，别人也正好观察你。如果你自暴自弃，那么恐怕要坐到屁股结冰，而且恶评一起，恐怕就永无翻身的机会了。

其次，以谦卑来建立良好的人际关系。人都有打落水狗的劣根性，你坐冷板凳，别人巴不得你永远不要站起来！所以要谦卑，广结善缘，更不要提当年勇，那是无所助益的，而且"当年勇"也会使你坠入"怀才不遇"的苦闷当中，徒增自己的烦恼。

再者，更加敬业，一刻也不疏忽。虽然你做的是小事，但也要一丝不苟地做给别人看。别忘了，很多人正冷眼旁观，给你打分数呢。

最后，忍、忍、忍。忍闲气，忍嘲弄，忍寂寞，忍不甘，忍沮丧，忍黎明前的黑暗，忍虎落平阳被犬欺，忍一切一切，忍给自己看，也给别人看！

十年面壁图破壁。坐冷板凳正是训练自己耐性、磨炼自己心态的一个机会。所谓"三年不鸣，一鸣惊人"。不过，在此需要强调的是，坐冷板凳的前提是对你所在的"球队"有信心；否则，不如离去好。

第三章 冲破职场桎梏

要想办法消除领导的误解

得罪上司，一切都是你的错。

小王是几年前从基层调到宣传部的，方部长是一个求才若渴的人，见小王在报纸上发表的文章文笔不错，就多方跑动，终于将一个人才网罗到自己的麾下。六年后，由于小王精明能干，厂里调他到厂办公室工作，厂办主任也很喜欢他。

过了不久，小王忽然觉得，方部长似乎对自己有点看法，关系有渐渐疏远的感觉。私底下一了解，才知道原来方部长和厂办主任有隔阂。方部长认为，小王已经是厂办主任的人了，有点忘恩负义。误解的形成很简单，一次下雨，中层干部开会，小王拿着雨伞去接上级，只发现雨中的厂办主任，却没看见站在门口躲雨的方部长，这雨中送伞就送出误解来了。

盛怒之下，方部长对信得过的人说，怪他当初看错人了，没想到小王是一个势利小人，见利忘义。时间不长，话终于传到小王的耳朵里了，他这才意识到已经被误解，问题严重。

这可怎么办呢？小王真有点为难了。

有道是：领导说你行你就行，不行也行；领导说你不行你就不行，行也不行。这句流行俚语虽然有以偏概全之嫌，但基本上也说对了八九分。不管谁是谁非，得罪顶头上司的最终受害者一定是下级。只要你没想调离或辞职，最好避免与上司之间出现不和谐的音符。

无论我是因为何种原因得罪了上司，都不要向同事诉说苦衷。

如果错在于上司，同事对此不好表态，也不愿介入你与上司的争执，又怎能安慰你呢？假如是你自己造成的，他们也不忍心再说你的不是，往你的伤口上撒盐。更可怕的是，难免会有居心不良的人添枝加叶后反馈回上司那儿，加深你与上司之间的裂痕。

所以最好的办法是自己清醒地理清问题的症结，找出合适的解决方式，使自己与上司的关系重新有一个良好的开始。

现在，让我们来看小王是如何化解他与上司的矛盾的。

首先，每当有人说起小王与方部长的关系时，小王总是否认两个人之间有矛盾。这样做可以一方面向方部长表明自己的人品；另一方面可以制止误解的继续扩大化，便于缓和与方部长的关系。

其次，小王和方部长在工作中经常打交道，他总是先向部长问好，不管对方理与不理，脸上总是笑嘻嘻的。逢到工作上的宴请时，一起招待客人，小王总是斟满酒杯，当着客人的面向方部长敬酒，并公开说明是方部长培养和提拔自己，自己才有了今天的长进。小王不仅是对客人介绍，更重要的还是一种心灵表白，表示了并非忘恩负义的小人，最后，方部长终于和小王和好如初。

在多个领导手下工作，如果不注意自己的言行，说不定会在不经意中得罪某位领导。假如是领导误解了你，你就要想办法消除误解。不然的话，会不利于你的工作。消除领导的误解，要从以下六个方面努力。

1. 极力掩盖矛盾

如果领导误解了你，与你产生了矛盾，你在其他同事或领导面前，要尽力掩盖这件事，不要让所有的人都知道你与某个领导有矛盾，以免他们把这件事搞得沸沸扬扬，使事态扩大化。

第三章 冲破职场桎梏

2. 在公开场合注意尊重领导

即使领导误解了你，在公开场合仍要尊重他。见面要主动打招呼，不管他的反应如何，你都要微笑着和他讲话，使他意识到你对他的尊重。这样，他对你的误解便会慢慢消除。

3. 背后注重褒扬领导

虽然领导的误解使你不舒服，但为了搞好与他的关系，在背后不应讲他的不是，而应经常在背地里对别人说他的好处。这样可以通过别人的嘴替自己表白真心。假若对方知道了你背地里褒扬他，肯定会高兴的，这样更利于误解的消除。

4. 领导遇到困难的时候帮他一把

谁都有遇到困难的时候，如果此时你不是隔岸观火，看领导的笑话，而是挺身而出，帮他一把，使他摆脱困难，一定会令他大为感动的。

5. 找准机会尽释前嫌

待领导对自己慢慢有了好感之后，可以找一个合适的机会，请教领导在哪些方面对自己有看法。弄清了领导误解的原因后，你可以耐心地向他解释，证明你并不是有意的。只要你是坦诚的，领导不会不接受你的解释。

6. 经常加强感情交流

误解消除后，并不是就万事大吉了。如果刚消除掉领导的误解，你对领导的态度就变得不冷不热，会使领导认为你仍是在欺骗他，反而更加深了他对你的误解。这时，你不能掉以轻心，而应趁热打铁，经常找理由与领导进行情感交流，培养你们之间的友谊。

学会忍耐不如意的领导

通常在下属中的某些出类拔萃者或者功高盖主者，他们有恃无恐，比较容易犯这类毛病；还有一些娇生惯养、目无尊长的人，他们心浮气躁，也容易犯这类毛病。但是，如果你恃才傲物，或者顶撞上司，当你的行为直接有损上司的形象时，那你就成了一个蔑视上司的人，一旦上司对你心生厌恶，那么你的处境就不妙了。

恃才傲物是下属目无上司的一个表现。

胡先生是某大公司技术开发部的一个主管，具有相当优秀的专业知识与工作能力，于 2005 年年初被委派筹建一个子公司，担任经理的职务。

胡先生走马上任后，披星戴月、雷厉风行、不辞劳苦，将筹建公司的大大小小事情在三个月内办妥当。三个月后，公司正式开张。

胡先生筹建的公司开张后的最初两三个月，运营得十分艰难。为了拓展客户范围，胡先生亲自带队，一个一个公司地拜访，常常今天北京、明天上海的跑，几乎没有星期天的概念。三个月后，胡先生所负责的公司逐渐赢利，而后利润以每月 20% 递增。

到 2005 年年底，胡先生所负责的公司已经是十分红火的景象：从业人员从 10 人增加到 60 人，固定资产从最初的 80 万元发展到 1000 万元。

随着胡先生的成功，荣誉接踵而来。胡先生的顶头上司——

第三章　冲破职场桎梏

技术开发部的部长李先生，在正式或私下场合，总是把胡先生的成功，大包大揽到自己身上，归功于自己的领导有方。

胡先生对李先生的此等行为深恶痛绝，逢人便讲李先生的无德与无能。

2006 年 8 月中旬，在一次例行的税收物价检查中，上级检查部门发现胡先生负责的公司有一笔漏税行为，并通知补税交款。这件事本来只属于工作疏忽，性质不算严重。但李先生却死死抓住这一点，小题大做，打报告给总公司高层领导，力述胡先生严重影响了总公司的声誉，应该引咎辞职。

高层领导虽然怜爱胡先生的才干，但考虑到子公司的工作均已上正轨，便宣布将胡先生调回技术开发部。

顶撞上司是下属目无上司的一个表现。"人生不如意事十之八九。"生活中常会有这样的情形：工作了一段时间，你发现你的上司很不如你的意，很别扭。虽说是择优而仕，可你却没有"跳槽"的机会，或因为制度等方面的原因使你不能"跳槽"，怎么办呢？

有些人采取的办法是：向上司"叫板"！但不知这些人想过没有，如果过于计较一些小的得失，就可能导致全盘失败，特别看重眼前利益就可能导致更大的损失。

当你不得不留在一个集体中时，就必须学会忍耐不如意的领导。因为胳膊拧不过大腿。

另外，与上司争功也是下属目无上司的一种表现。

老子有这样一句话："大巧若拙，大辩若讷。"意思是聪明的人，平时却像个呆子，虽然能言善辩，却好像不会说话一样，也就是说人要匿壮显弱，大智若愚。

生活中嫉贤妒能的领导很多，他们不能容忍下属超过自己，他们必须保持自己在集体中的权威地位，即使他水平很低，就像武大郎一样，在武氏的店中是不能有高大身材的伙计的。华君武的漫画《武大郎开店》，讽刺的就是这样的领导。

生活中总有一些人，他们对平庸的上司十分不满，怨天尤人，就是好的上司，他也常感不舒服，逆反心理很重。上司的奖励，他会看作是拉拢人心，上司禁止的事情，他偏要做。

要创造和谐的与上司之间的关系，就该去掉你的逆反心理！切记：枪打出头鸟！

谨防越位行事

越位是足球比赛的一个专用术语。在千变万化的职场生涯中，上班族也应对越位有一个明确的了解与认识。

一般来说，下属在与上司的相处过程中，其行为与语言超越了自己的位置，就叫越位。下属的越位分为：决策越位、角色越位、程序越位、工作越位、表态越位、场合越位以及语气越位。

处于不同层次上的人员的决策权限是不一样的，有些决策是下属可以做出的，有些高层决策必须由领导做出。如果下属按自己的意愿去做必须应由领导决策的工作，这就是决策越位。

罗先生是某厂分管生产建设的副厂长，而吴女士是基建科的科长，该厂准备建一座新厂房，需从两个设计单位中选择一家设计单位来设计该厂房。按厂里的工作程序，应由罗副厂长牵头共同确定设计单位后，再由基建科长吴女士具体组织实施。但甲设计单位通过熟人找到吴女士后，希望能够承担该工程的设计，吴女士为了讨好设计单位，表示她本人同意由甲单位设计，但需罗副厂长也持此同样意见。甲设计单位领导为了给曾是自己学生的罗副厂长一些压力，就将吴女士的话告诉给罗副厂长。罗副厂长虽然本来也同意由甲单位设计该厂房，但对吴女士这种变相的决策越位做法十分生气，从此对基建科长吴女士心存不满。

有些场合，如宴会、应酬接待，上司和下属在一起，应该适当突出上司，不能喧宾夺主，如果下属张罗过欢，过多炫耀自己，就是角色越位。

胡女士是一位不善言谈、性格内向的私营企业家，而她的秘书李小姐则是一位相貌出众、谈吐幽默并具有鼓动力的女中豪杰。在胡女士的创业过程中，李小姐曾立下汗马功劳，可以说，没有李小姐，就没有胡女士今天的企业。但当胡女士和她的秘书李小姐在一起的时候，周围的人员都为李小姐的容貌和才华倾倒，因此言行举止都以李小姐为核心，反而把胡女士当成李小姐的陪衬。在创业时，胡女士对这种现象只能忍受，但在事业有成的今天，胡女士已经忍无可忍，最终两人反目为仇。

有些既定的方针，在上司尚未授意发布消息之前，下属不能私自透露消息。如果抢先透露消息，就是程序越位。

赵先生是某县长的秘书，该县机关幼儿园欲购置一批电子琴，请县长特批一笔经费，经县长办公会研究，同意拨款。但在赵先生和幼儿园园长的一次私人聚会上，赵先生把县长同意拨款的消息先透露给了园长。园长知道消息后就给县长打电话，对上级领导对幼儿园的关心和支持表示感谢。县长接完电话后对秘书的做法十分不满，认为秘书没经领导同意就对园长透露消息的做法有抢功之嫌，并觉得此人不可重用。

有些工作必须由上司干，有些工作必须由下属干，这是上司与下属的不同角色。如果有些下属为了显示自己的能力，或出于对上司的关心，做了一些本应由上司做的工作，就是工作越位。

白处长在两年前因舍己救人而广受赞扬，并因此被提拔到他在能力上并不十分胜任的局长岗位，而副局长小王则是一位精明能干、办事果断、为人热情的年轻人。小王看到老白工作起来十分吃力，就帮助他做了很多本应由老白承担的工作。起初，老白对小王还十分感谢。但随着时间的推移，不管是上级领导还是下属，都觉得小王比老吴更胜任局长的工作。老白心里也有察觉，并对小王开始不满起来。觉得如果让小王顶替自己的局长位置，自己将会很没面子，加上小王对此种现象又没有采取积极主动的解决办法。老白为了保住自己的局长位置，就将小王调至一个偏僻的小城，美其名曰："增加工作经验。"

表态是人们对某件事情或问题的回答，它是与人的身份相关联的，如果超越自己的身份，胡乱表态，不仅表态无效，而且会喧宾夺主，使领导和下属都陷于被动。

某中学校办公司在某一年度超额完成了年度计划利润，公司领导为了调动大家的积极性，计划给每个人分发3000元的奖金，但按学校规定，需经劳资科批准。但经理考虑到此奖金标准大大高于学校其他教师的奖金，劳资科长不一定能够批准。因此就在劳资科长到省城开会之时，直接找到和自己关系不错的学校秘书长。学校秘书长答复公司经理，此奖金可以发，但要等劳资科长出差回来之后再办具体手续。劳资科长出差回来后，感到十分为难，如果不批准，将会影响公司职工的积极性，并引起公司职工对自己的不满；如果批准，将会影响其他教师的积极性。劳资科长只好把情况向校长汇报，校长虽然采取了折中的办法，但校秘书长却很难消除自己在学校领导中留下的不好印象。

有些场合，上司不希望下属在场，下属一定要了解上司有关这方面的暗示，否则就会造成场合越位。

朱博士刚分配到某局办公室任主任，和局长同在一个办公室工作。朱博士发觉走出校门之后，有很多课本之外的东西需要学习，而局长正是一个最好的老师。局长的谈吐、局长的言行举止、局长的才智，正是朱博士学习的榜样。朱博士想方设法和局长多在一起。有时，局长向朱博士暗示他需要和客人单独谈话，但朱博士还是没有离开的意思，让局长左右为难。有一次，朱博士的一位现任某外资公司总裁的大学同学要和局长进行高层决策的密谈，碍于大学同学的情面，不得不象征性地邀请朱博士和局长一起用餐。没想到朱博士却真的跟随他们一起去用餐，从而影响了谈判的进度。后来局长伺机把朱博士调出办公室，打入冷宫。

在和上司相处过程中，下属如果不重视上司的社会角色，在对外交往过程中，说话过分随便，往往容易造成语气越位。

小肖大学毕业后被分配到某公司办公室工作，公司经理是一个性格开朗、说话随便并容易和大家打成一片的年轻小伙。平时大家在一起，相处得十分融洽，分不出谁是经理谁是职员。但是当公司对外谈判时，小肖还像平时一样，拍着经理的肩膀，大大咧咧地说："老兄，今天去麦当劳还是肯德基？不用怕，我来买单！"这就是一个不当的语气越位。

努力化解同事之间的矛盾

　　李斌最近总觉得怪怪的，原先同他话多的同事突然不大搭理他了，中午去楼下的餐厅吃饭也没有人同路和同桌。刚开始李斌没有觉察出来，但这样的情形一再出现，李斌就意识到自己正遭受同事的排挤。李斌左想右想也想不通，为什么和谐相处两年的同事，突然之间对自己冷淡了起来。他想找个同事问个究竟，但找谁呢？同事会说出原因吗？李斌心里没有一点底。

　　如果有一天，你发现你的同事突然一改常态，不再对你友好，或对你敬而远之，事事抱着不合作的态度，处处给你设难题刁难你，出你的洋相，看你的笑话，你就得当心了。这些信息向你传送了一个重要信号：同事正在排挤你。

　　被同事排挤，必然有其原因。这些原因不外乎以下几种情况：

　　（1）近来连连升级，招来同事妒忌，所以群起攻之排挤你。

　　（2）你刚刚到单位上班，你有着令人羡慕的优越条件，包括高学历、有背景、相貌出众，这些都有可能让同事妒忌。

　　（3）聘你的人是公司里人人讨厌的人物，因此连你也受牵连。

　　（4）衣着奇特、言谈过分、爱出风头，令同事却步。

　　（5）过分讨好上级而疏于和同事交往。

　　（6）妨碍了同事获取利益，包括晋升、加薪等可以受惠的事。

　　你的情况如果是属于（1）、（2）项，这也很自然，所谓"不招人妒是庸才"，能招人妒忌也不是丢面子的事。其实只要你平日对人的态度和蔼亲切，同事们不难发觉你是一个老实人，久而

第三章　冲破职场桎梏

· 101 ·

久之便会乐于和你交往。另外，你可以培养自己的聊天能力，因为同事们的最大爱好之一就是聊天，通过聊天改变同事对你的态度。

你的情况如果属于第（3）项，那便是你本人的不幸，只有等机会向同事表示，自己应聘主要是喜爱这份工作，与聘用你的人无关，与他更不是亲戚关系。只要同事了解到你不是"密探"身份，自然会欢迎你的。

你的情况如果是属于第（4）、（5）项，那么你便要反省一下，因为问题是出在你自己身上，想要让同事改变看法，只有自己做出改善。平时不要乱发一些惊人的言论，要学会当听众，衣着也应切合身份，既要整洁又要不招摇，过分突出的服装不会为你带来方便，如果你为了出风头而身着奇装异服招摇过市，这会令同事们把你当成敌对的目标。

如果是属于第（6）项，你要注意你做事的分寸。升职、加薪、条件改善甚至领导一句口头表扬都是同事们想获得的奖励，争夺也在所难免，虽然大家非常努力地工作，但彼此心照不宣，谁不想获得奖励呢？

一个人想在工作中面面俱到，谁也不得罪，谁都说你好，那是不现实的。因此，在工作中与其他同事产生种种冲突和意见是很常见的事，碰到一两个难于相与的同事也是很正常的。办公室里有人勃然大怒，其实这并不是一件坏事，情绪高昂，表示沟通欲望高亢，同时也是化解矛盾的最好机会。

但同事之间尽管有矛盾，仍然是可以来往的。首先，任何同事之间的意见往往都是起源于一些具体的事件，而并不涉及个人的其他方面，事情过去之后，这种冲突和矛盾可能会由于人们思维的惯性而延续一段时间，但时间一长，也会逐渐淡忘。所以，不要因为过去的小矛盾而耿耿于怀。只要你大大方方，不把过去的冲突当一回事，对方也会以同样豁达的态度对待你。

其次，即使对方仍对你有一定的歧视，也不妨碍你与他的交往。因为在同事之间的来往中，我们所追求的不是朋友之间的那种友谊和感情，而仅仅是工作，是任务。彼此之间有矛盾没关系，只求双方在工作中能合作就行了。由于工作本身涉及双方的共同利益，彼此间合作如何，事情成功与否，都与双方有关。如果对方是一个聪明人，他自然会想到这一点，这样，他也会努力与你合作。如果对方执迷不悟，你不妨在合作中或共事中向他点明这一点，以利于相互之间的合作。

因为你与大多数人的关系都很融洽，所以你可能会觉得问题不在于你这一方；你甚至发现其他人也和他有过不愉快的经历，于是大家都不约而同地将矛头指向了那个人，所以你会认为是他造成这种不融洽局面的。你们双方都没有花时间去进一步了解彼此，也没有创造一些机会去心平气和地阐述各自的看法，因而，双方缺乏对彼此的信任，个人间的关系也就会不断倒退。怎样才能够改变这种局面、改善彼此的关系呢？

你不妨尝试着抛开过去的成见，更积极地对待这些人，至少要像对待其他人一样对待他们。一开始，他们也许会心存戒意，认为这是个圈套而不予理会。耐心些，没有问题的，因为将过去的积怨平息的确是件费功夫的事。你要坚持善待他们，一点点地改进，过了一段时间后，表面上的问题就消失了。

也许还有深层的问题，他们可能会感觉你曾在某些方面怠慢过他们，也许你曾经忽视了他们提出的一个建议，也许你曾在重

第三章　冲破职场桎梏

103

要关头反对过他们，而他们将问题归结为是你个人的原因；还有可能你曾对他们很挑剔，而恰好他们听到了你的话，或是听有一些人转述了你的话。

那么，你该做些什么呢？如果任问题存在下去，将是很危险的，它很可能在今后造成更恶劣的后果。最好的方法就是找他们沟通，并确认是否你不经意地做了一些事得罪了他们。当然这要在你做了大量的内部工作，且真诚希望与对方和好后才能这样行动。

他们可能会说，你并没有得罪他们，而且会反问你为什么这样问。你可以心平气和地解释一下你的想法，比如你很看重和他们建立良好的工作关系，也许双方存在误会，等等。如果你的确做了令他们生气的事，而他们又坚持说你们之间没有任何问题时，责任就完全在他们那一方了。

或许他们会告诉你一些问题，而这些问题或许不是你心目中想的那个问题，然而，不论他们讲什么，一定要听他们讲完。同时，为了表示你听了而且理解了他们讲述的话，你可以用你自己的话来重述一遍那些关键内容，例如，"也就是说我放弃了那个建议，而你感觉我并没有经过仔细考虑，所以这件事使你生气"。现在你了解了症结所在，而且找到了可以重新建立良好关系的切入点，但是，良好关系的建立应该从道歉开始，你是否善于道歉呢？

如果同事的年龄资格比你老，你不要在事情正发生的时候与他对质，除非你肯定自己的理由十分充分。更好的办法是在你们双方都冷静下来后解决，即使在这种情况下，直接地挑明问题和解决问题都不太可能奏效。你可以谈一些相关的问题，当然，你可以用你的方式提出问题。如果你确实做了一些错事并遭到指责，那么要重新审视那个问题并要真诚地道歉。类似"这是我的错"这种话是可能创造奇迹的。

保持一种自动自发的工作态度

工作数年后，周君越来越感觉工作的无聊与无趣。曾经的理想已经斑驳难辨，曾经的干劲也无处可觅。难道是老了吗？三十出头的人，怎么就那么暮气沉沉？

周君仿佛是那个做一天和尚撞一天钟的人，却偏偏心中偶尔会泛起不甘。他游走在极度的无聊与轻微却深沉的苦痛当中。他不知道自己该怎么办。

每天在茫然中上班、下班，到了固定的日子领回自己的薪水，高兴一番或者抱怨一番之后，仍然茫然地去上班、下班……什么是工作？工作是为什么？可以想象，这样的人，他们只是被动地应付工作，为了工作而工作，他们不可能在工作中投入自己全部的热情和智慧。他们只是在机械地完成任务，而不是去创造性地、自动自发地工作。

当我们踩着时间的尾巴准时上下班时，我们的工作很可能是死气沉沉的、被动的。当我们的工作依然被无意识所支配的时候，很难说我们对工作的热情、智慧、信仰、创造力被最大限度地激发出来了，也很难说我们的工作是卓有成效的。我们只不过是在"耗日子"或者"混日子"罢了！

其实，工作是一个包含了诸多如智慧、热情、信仰、想象力和创造力的词汇。卓有成效和积极主动的人，总是在工作中付出双倍甚至更多的智慧、热情、信仰、想象力和创造力，而失败者和消极被动的人，却将这些深深地埋藏起来，他们有的只是逃避、指责和抱怨。

工作首先是一个态度问题，是一种发自肺腑的爱，一种对工作的真爱。工作需要热情和行动，工作需要努力和勤奋，工作需要一种积极主动、自动自发的精神。只有以这样的态度对待工作，我们才可能获得工作所给予的更多的奖赏。

应该明白，那些每天早出晚归的人不一定是认真工作的人，那些每天忙忙碌碌的人不一定是出色地完成了工作的人，那些每天按时打卡、准时出现在办公室的人不一定是尽职尽责的人。对他们来说，每天的工作可能是一种负担、一种逃避，他们并没有做到工作所要求的那么多、那么好。对每一个企业和老板而言，他们需要的绝不是那种仅仅遵守纪律、循规蹈矩，却缺乏热情和责任感，不能够积极主动、自动自发工作的员工。

工作不是一个关于干什么事和得什么报酬的问题，而是一个关于生命的问题。工作就是自动自发，工作就是付出努力。正是为了成就什么或获得什么，我们才专注于什么，并在那个方面付出精力。从这个本质的方面说，工作不是我们为了谋生才去做的事，而是我们用生命去做的事！

成功取决于态度，成功也是一个长期积极努力的过程，没有谁是一夜成名的。所谓的主动，指的是随时准备把握机会，展现超乎他人要求的工作表现，以及拥有"为了完成任务，必要时不惜打破常规"的智慧和判断力。知道自己工作的意义和责任，并永远保持一种自动自发的工作态度，为自己的行为负责，是那些成就大业之人和凡事得过且过之人的最根本区别。

明白了这个道理，并以这样的眼光来重新审视我们的工作，工作就不再成为一种负担，即使是最平凡的工作也会变得意义非凡。在各种各样的工作中，当我们发现那些需要做的事情——哪怕并不是分内的事的时候，也就意味着我们发现了超越他人的机会。因为在自动自发地工作的背后，需要你付出的是比别人多得多的智慧、热情、责任、想象力和创造力。

谨慎选择自己所想从事的职业

转行看来容易，真正下定决心去做，却与离婚一样困难。对于老本行，也许你的内心早已没有了激情，离开它也不会有丝毫留恋。但舍弃一个轻车熟路的行业，去开拓一个有些陌生的行业，任何人都会有些踌躇与犹豫的。

不管身处哪个行业、从事何种工作，我们每个人都必须要赚钱过日子，以使自己免受饥寒。因此检查自己目前的职业角色，评估自己从中能获得多大的满足，将有助于规划个人成功的人生。

我们要永远清醒地认识到，没有一种职业是十全十美的。对于职业的满足与否，应基于个人的事业原动力，以及是否能因此项职业使自己获益。

因此我们有必要仔细评估自己目前的职业，以便发现这项职业是否能给予我们满足感，是否具有发展机会。

职业对从业者的影响很大，从某个角度来看，职业是耗用时间并局限人的事。例如送信的邮递员，可能十年如一日，每天早起挨家挨户送信，而他全部的生活就围绕这个邮递责任所构成。

所以，职业也可说是一个枷锁，它在无形中限制了从业者的行动范围。

满足的可能，建立在职业的结构中。以超级市场的收银员为例，她每天站在收银机旁 8 个小时，敲打一大堆数字。尽管这工作与许多人接触，却很少有能够表现她个人创意和个性的机会。

由此可见，我们有必要十分谨慎地选择自己所想从事的职业，并及早看清楚此项职业是否提供了我们满足的可能，如果做不到这一点，便可能会阻碍我们的发展。例如有一位制图员说："我的日子便是坐在制图桌旁，设计制造一些造型。随着时间的流逝，这工作便越来越显得没有意义，而且将我与别人完全隔绝。"

据统计，差不多有 90% 的人都会对他们工作的某方面感到不满。主要的不满，皆与工作要求和个人当时的事业原动力相背有关。

刚刚走向社会的年轻人，第一个工作大多是在匆忙之中选定的。为了生活，顾不了那么多。这个工作一日一日地做下去，一年两年过去了，人头熟了，经验也有了。有的从此安安分分地上他的班，最多换换新的公司，为自己寻求较好的待遇和工作环境；有的则运用已经学到的经验，自己创业当老板，有的则转行，到别的天地试试运气。

转行的想法 80% 以上的人都有过，光是想当然没什么关系，如果真的要转行，那么一定要考虑几个因素：

（1）我的本行是不是没有发展了？同行的看法如何？专家的看法又如何？如果真的已没有多大发展，有没有其他出路？如果有人一样做得好，是否说明了所谓的"没有多大发展"是一种错误的认识？

（2）我是不是真的不喜欢这个行业？或是这个行业根本无法让我的能力得到充分的发挥？换句话说：是不是越做越没趣，越做越痛苦呢？

（3）对未来所要转换行业的性质及前景，我是不是有充分的了解？我的能力在新的行业是不是能如鱼得水？而我对新行业的了解是否来自客观的事实和理性的评估，而不是急着要逃离本行所引起的一厢情愿式的自我欺骗？

（4）转行之后，会有一段时间青黄不接，甚至影响到生活，我是不是做好了准备？

如果一切都是肯定的，那么你可以转行！

曾有一位大学毕业生，他的工作很令人感到意外，是一家果菜公司的搬运工人。他说他六年前从学校毕业，一时找不到工作，便经人介绍到蔬菜公司当临时工，赚些零用钱。渐渐地，这位"天之骄子"习惯了那份工作和周围的环境，也就没有积极去找别的工作，于是一做就是六年，现在年近三十，由于长期与蔬菜打交道，不仅知识未能跟上时代，连老本也丢得差不多了。他说："换工作，谁会要我呢？我又有什么专长可以让人用我呢？"目前，他仍在蔬菜公司当搬运工人。

对这个例子，也许你会说，转行有什么难？说转就转啊！

也许你是可以说转就转的人，但恐怕绝大部分的人都做不到，因为一个工作做久了，习惯了，加上年纪大了些，有了家庭负担，便会失去转行面对新行业的勇气；因为转行要从头开始，怕影响到自己的生活，另外，也有人心志已经磨损，只好做一天算一天；有时还会扯上人情的牵绊、恩怨的纠葛，种种复杂的原因，让你"人在江湖，身不由己"。

其实行行出状元，并没有哪个行业不好，哪个行业好，那在此为什么又提醒你"千万别入错行"呢？

这里只是提醒你，找工作要睁亮眼，找适合你的工作，找你喜欢的工作，找有前途的工作，千万别因一时无业，怕人耻笑而勉强去做自己根本不喜欢的工作！人总是有惰性的，不喜欢的工作做个一两个月，一旦习惯了，就会被惰性套牢，不想再换工作了。一日复一日，倏忽三年五年过去了，那时要再转行，就更不容易了。

另外一点是，千万别涉入非法行业，这种行业虽然有可能让你一夜暴富，但事实上却是在刀口上行走，警察的追缉、法律的制裁、同行的陷害，即使不吃牢饭不送命，也要被人看不起。有人虽然想跳出来，但谈何容易，就像吸毒一样，最终进了监狱……

不过如果你不慎"入错行"，也有心转行，那么就要铁了心，毅然地转行，否则岁月不饶人，你只能在不适合的行业里越走越远。

明确自己的职业定位

周海最近一段时间异常烦闷，他突然感觉自己失去了目标，竟不知道自己明天的路在哪里。

周海从小就不是那种安分守己的人，他脑筋很活络，凡事图个新鲜。大学在远离家乡的上海读书，毕业后去了广州，后来又北上，将营寨扎在京城。他总是觉得熟悉的地方没有好风景。如此心态，也令其职业生涯不是那么中规中矩，而是充满了变数。最开始，他在一家杂志社做编辑，那时倒也是意气风发，可刚开始的新鲜劲儿一过，他就觉得提不起兴致来了，一天到晚无精打彩。"不行，不能这样下去！"周海决定及时转舵，这次他跳到一家 IT 公司工作。做了两年以后，他还是感觉没意思，怎么办？

当然还是跳！那时正赶上投资热，于是周海又选择了新的职业锚地，调准方位，投到咨询公司门下。孰料这行当看着简单，可实际操作起来却并非易事，做起来总是"眼高手低"，工作一段时间后，也丝毫没什么起色。况且，那里的氛围也并不舒心。于是乎，当初的豪情化作困顿和忧虑。周海又做好了跳槽的准备。可这次，他却很茫然了，不知往何处跳。他考虑再三，最后瞄准了一家外资公司，跳了过去。但这次的落脚点仍然不稳，俗话说，隔行如隔山，又要重新适应环境，因而工作上始终很难有大突破，一直停滞不前。对此，周海忧虑重重。

周海病了，无法坚持正常工作，他神思恍惚，只能终日昏昏沉沉地躺在床上。人倒下了，思绪也飘得很远很远，他不明白，自己并不是一个保守之人，总是在求新求异求变，却为何还落得如此境地？

表面看起来，周海确实是在与时俱进，经历的几个公司都是他选择时较热门的行业。对于热门行业他盯得很准，但是跳槽时并没有充分考虑到自己不具备某一环境的能力和储备。因而，他的职业轨迹很混乱，每一次跳槽几乎都是从头再来。转型搭不上链，供血不足，注定会在频繁的转向中晕头。周海现在的当务之急是用心设计好自己的职业生涯，注重职业的关联度，令所有的枝叶都围绕着主干生发，并相辅相成，相互给养，这样事业之树才能益发繁茂、苍翠。

美国麻省理工学院人才教授指出，职业定位可以分为以下

第三章　冲破职场桎梏

五类。

1. 技术型

持有这类职业定位的人出于自身个性与爱好考虑，往往并不愿意从事管理工作，而是愿意在自己所处的专业技术领域发展。在我国过去不培养专业经理的时候，经常将技术拔尖的科技人员提拔到领导岗位，但他们本人往往并不喜欢这个工作，更希望能继续研究自己的专业。

2. 管理型

这类人有强烈的愿望去做管理人员，同时经验也告诉他们，自己有能力达到高层领导职位，因此他们将职业目标定为有相当大职责的管理岗位。成为高层经理需要的能力包括三方面：

（1）分析能力。在信息不充分或情况不确定时，判断、分析、解决问题的能力。

（2）人际能力。影响、监督、领导、应对与控制各级人员的能力。

（3）情绪控制力。有能力在面对危急事件时，不沮丧、不气馁，并且有能力承担重大责任，而不被其压垮。

3. 创造型

这类人需要建立完全属于自己的东西，或是以自己名字命名的产品或工艺，或是自己的公司，或是能反映个人成就的私人财产。他们认为只有这些实实在在的事物才能体现自己的才干。

4. 自由独立型

有些人更喜欢独来独往，不愿像在大公司里那样彼此依赖。很多有这种职业定位的人同时也有相当高的技术型职业定位。但是他们不同于那些单纯技术型定位的人，他们并不愿意在组织中发展，而是宁愿独立从业，或是与他人合伙经营。其他自由独立型的人往往会成为自由撰稿人，或是开一家小的零售店。

5. 安全型

有些人最关心的是职业的长期稳定与安全性。他们为了安定的工作、可观的收入、优越的福利与养老制度等付出努力。绝大多数的人都选择这种职业定位，很多情况下，这是由社会发展水平决定的，而并不完全是本人的意愿。

以上的描述，也许每一条都有似是而非的感觉，为了更好地明确自己的职业定位，可以尝试以下方法。首先拿出一张纸，仔细思考以下问题：

（1）你在中学、大学时投入最多精力的是哪些方面？

（2）你毕业后第一份工作是什么，你希望从中获取什么？

（3）你开始工作时的长期目标是什么，有无改变，为什么？

（4）你后来换过工作没有，为什么？

（5）工作中哪些情况你最喜欢，哪些最不喜欢？

（6）你是否回绝过调动或提升，为什么？

然后根据上面五类职业定位的解释，确定你的主导职业定位。

正如许多分类一样，以上的分类也无好坏之分，之所以将其提出是为了帮助大家更好地认识自己，并据此重新思考自己的职业生涯，设定切实可行的目标。

通过以下职业生涯设计，解决了"我选择干什么"的问题。职业方向直接决定着一个人的职业发展，因而倍加慎重。正所谓"男怕选错行，女怕嫁错郎"，选错了行业，可能会毁掉自己本该有所作为的人生。可按照职业设计的"择己所爱、择己所长、择世所需、择己所利"四项基本原则，结合自身实际确定职业方向和目标。

最后，提醒朋友们，人生成功的秘密在于机会来临时，你已经准备好了！机遇对于任何人来说都是平等的，千万别在机遇面前说抱歉！

选择适合自己的工作

索柯尼石油公司人事经理保罗·波恩顿，在过去的 20 年中，曾面试过 7.5 万名应聘者，并出版过一本名为《获得好工作的 6 种方法》的书。有人请教他："今天的年轻人求职时，最容易犯的错误是什么？"

"不知道自己想干什么，"他回答说，"这让人惊诧不已，想想看，一个人花在影响自己未来命运的工作选择上的精力，竟比花在购买一件穿几年就会扔掉的衣服上的心思要少得多，这是一件多么奇怪的事情，尤其是当他未来的幸福和富足全部依赖于这份工作时。"

如何解决这些难题呢？我们可以利用一下"职业指导"，但请注意，他们也许可以帮你，也许会害你，这全然取决于职业辅导员的能力和素质。这个新的行业不过是刚刚起步，还远没有达到完美的程度，但其前途却很光明。

通过这些职业咨询机构，你可以接受职业测验，并获得指导意见，但请记住，最终做出决定的应该是你，而且必须是你。需要进一步强调的是，职业辅导专家并非绝对可靠。因此，你应该多找几个咨询家，然后综合起来判断他们提出的意见。

以下是编者提出的两个建议，其中也有一些警告，供你选择工作时参考：

第一，阅读并研究关于选择职业辅导员的建议，这些建议是由最权威人士提供的。

——如果有人告诉你，他有一套神奇的方法，可以迅速指出你的"职业倾向"，千万不要相信。这些人包括摸骨家、星相家、个性分析家、笔迹分析家，他们的方法并不灵验。

——不要相信那些给你做一番测验，然后就告诉你应该选择哪一种职业的人。他们违背了职业辅导的基本原则，真正的职业辅导应该充分考虑被辅导人的健康、背景、经验等种种情况，并且提供就业机会的各种具体资料。

——找一位拥有丰富的职业资料的职业辅导员，并在辅导期间充分利用这些资料。

——一项完整的就业辅导服务通常要面谈两次以上。

——绝对不要接受函授就业辅导。

第二，当你决定投身于某一职业之前，请先花几个星期时间，对这项工作做一个全盘的认识和了解。如果想快速达到这个目的，你可以去拜访那些在这个行业干过 10 年、20 年或 30 年的人。与他们的会谈能对你的未来产生深远的影响，对于这一点我深有体会。在我 20 多岁时，曾就职业问题请教过两位老人，从某种意义上讲，那两次会谈可以称得上是我生命中的转折点。事实上，如果没有那两次会谈，我的一生将会变成什么样子，实在是难以想象。

第三章　冲破职场桎梏

第四章 | 突破困局，借助他人的力量

很多时候，我们在困局中苦苦挣扎，并非无计可施，只是因为自身能力有限，同时也找不到出手相助的人。一个能够有效借助他人力量的人，才是人生的强者。

当我们生活不顺、四处碰壁的时候，心里经常会想："如果我有更多的朋友和关系帮助我，我就可以顺利地渡过难关。"因为，很多困局并非无计可施，而是我们自身的能力有限，同时也找不到出手相助的人。

一个人单打独斗，能做成多少事呢？俗话说：就算你浑身都是铁，又能打几颗钉？拿破仑·希尔在走访了数百位走过坎坷终成大事的伟人后，说过一句这样的话：当两个或更多的人以非常协调的方式进行思想及行动上的配合时，这种力量是无与伦比的。

要想突破人生的困局，我们需要借助他人的力量。懂得如何借助他人力量的人，是困局中的强者。

身陷困局向亲戚求助

俗话说："是亲三分近。"亲戚之间大都是血缘或亲缘关系，这种特定的关系决定了彼此之间关系的亲密性。这种亲属关系是提供精神、物质帮助的源头，是一种应该能长期持续、永久性的关系。因此，人们都具有与亲属保持联系的义务。在平常保持好与亲戚的密切关系，在身陷困局、个人难以应付时，求助亲戚才最有利。

亲戚关系"不走不亲"，"常走常亲"，这是中国人一贯的观点，只有经常的礼尚往来，才能沟通联系，深化感情，密切亲戚关系。

有人认为走亲戚挺麻烦的。此话不对，纯洁挚密的亲戚关系，是中国传统的一种人情味较浓的人际关系，不能蒙上庸俗的面纱。只有建立在亲近、相互关心、常联系的基础上，才能建立真诚的亲戚关系，如果彼此间少了经常性的走动，那就可能会出现"远亲不如近邻"的局面了。

"常来常往"，经常到亲戚家走走、看看，聊聊家常，联络联络感情，这样是非常有益的。

刘某是一家公司的老板，经过几年的辛苦经营，现已拥有相当的资产，到底是什么原因使他在短短几年内拥有数目可观的资产呢？

在一家报纸记者采访他时，他说了这样一段话："……自身的努力与勤奋固然是我成功的关键因素，但还有一点也是非常重要的。我的亲戚很多，在我未发达时，经常拜访他们，以致彼此间关系都特别好。后来，在公司小有规模后，我仍不忘经常与他们保持联系，正是因为这种密切来往，我的亲戚都对我非常不错。刚创业的时候，资金有一半是由他们筹借来的；办公司遇到困难时，也有他们的帮助与鼓励；就是他们中的一些人，现在也在我的公司里帮我的忙，是我的得力助手……总之，在各种人际关系中，我最注重的就是亲戚关系，也正因为我与他们保持密切的关系，得到了他们无私的帮助和支持，我才会有今天的成就……"

在刘某的谈话中，我们可以很直接地看出，常来常往在亲戚关系中的重要性，但有一点，就是千万不可有贫富贵贱之分，也不要因为自己的地位较高而不与穷亲戚来往。这样下去，亲戚们自然会对你冷眼相待，那时再想搞好亲戚关系，就难上加难了。

亲戚与亲戚之间的来往，除了一个"往"字，还要讲究一个"来"字。它的意思是除了经常到亲戚家走动外，也要经常邀请亲戚们到自己家里做客，利用自家的空间与亲戚联络感情，做一回主人，热情款待他们，既沟通了感情，又密切了亲情，让他们有一种到了自己家的感觉。那时间一久，亲戚之间的关系会处得异常融洽。这样，在关键时刻，对方才会助你一臂之力。

每个人都有三亲六故，给自己亲戚办事的情况很多。当人们遇到困难的时候，大概首先想到的就是找亲戚帮忙。作为亲戚，对方也一般会很热情地向你伸出援助之手。"亲不亲，一家人"、"一家人不说两家话"，这都说明找亲戚办事有得天独厚的便利。

让亲戚出手相助，应该注意以下几点。

1. 主动沾亲

在任何社会，亲情永远是最宝贵的。在利用亲情办事之前，需要具备锲而不舍的精神，不怕吃苦，勇于发掘亲戚关系。

第四章　突破困局，借助他人的力量

2. 借助亲情

借助亲戚关系时，叙情能起很大作用。可以说，善用亲情在很大程度上要善用亲情去说服对方、感动对方。在求亲戚帮助的时候，一样需要用真诚打动对方，使亲情发挥作用，切不可虚假用情。

亲戚之间的关系应以"情"字为主，而不要"利"字当头。现实生活中的许多人是非常势利的，亲戚若得势，他就与之交往；亲戚若落魄，他就不理不问。这种人通常是受人鄙视的。

借助亲戚关系并不是无限制的滥用，不顾一切去利用会给对方增加麻烦，使对方拒绝，自己也会因此而受到道德良心上的谴责。

3. 经济往来要清楚

求助过程中因为经济利益而得罪人，在亲戚之间是屡见不鲜的。比如亲戚之间的借钱借物等财物往来是常有的事。有时是为了救急，有时是为帮助，有时就是赠送，情况不同，但都体现了亲戚之间的特殊关系，把这种财物往来当成表达自己心意和特殊感情的方式。

作为受益的一方对亲戚的慷慨行为给以由衷的感谢和赞扬是必要的。但如果他们把这种支持和帮助看得理所应该，不作一点表示的话，对方就会感到不满意，而影响彼此的关系。

另一方面，对于需要归还的钱物，同样是不能含糊的。这是因为亲戚之间也有各自的利益，一般情况下应把感情与财物分清楚，不能混为一谈。只要不是对方明言赠送的，所借的钱物该还的也要按时归还。有的人不注意这个问题，他们以为亲戚的钱物用了就用了，对方是不会计较的。如果等到亲戚提出来时，那会使双方都尴尬。

对于来自亲戚的帮助要注意给以回报，这既是加深友谊的需要，也是报答对方帮助的必要表示。如果忽视了这种回报，同样会得罪人。

总之，亲戚之间的钱物往来，既可以成为密切感情的因素，也可能成为造成矛盾的祸根，就看你如何处理。

4. 不要居高临下或强人所难

亲戚之间虽有辈分的不同，但是也应当相互尊重、平等对待。特别是在彼此之间地位、职务有差异的情况下，更应如此。

常言说："穷在闹市无人问，富在深山有远亲。"这就是说，地位低的人总是希望从地位高的一方那里得到一些帮助，同时在他们提出自己的请求时，又怀有极强的自尊心。在这种情况下，如果地位高的一方对来求助的亲戚表现出不欢迎的态度，那就很容易伤害对方的自尊。

一般说来，地位低的人对于被小看是很敏感的，只要对方露出哪怕一点冷淡的意思都会计较、不满，造成不良的结局。

在有地位差异的亲戚之间最常见的矛盾是在求与被求之间，是在不能满足对方要求的情况下发生的。如遇这些问题，一方应尽量地满足对方的需求，另一方则应考虑对方的难处，尽量不要给人家出难题，即使因客观原因不能满足自己的需求也应给以谅解，不能过多计较。

5. 不要一厢情愿，为所欲为

亲戚之间由于彼此关系有远近之分，有密切程度上的差别，因此，在相处中要注意把握适当的分寸。

"亲戚越走越亲"是一般原则。但是，这里面也是有一定技

巧的。

过去走亲戚可以在亲戚家住上一年半载，现在就有很多的不便。大家都有工作，都有自己的生活习惯，住的时间过长很多矛盾就会暴露出来。

还有的人到亲戚家做客不是客随主便，而是任自己的性子来，这就给主人带来很多的麻烦，也容易造成矛盾。

比如，有的人有睡懒觉的习惯，到亲戚家也不改自己的毛病。主人要照顾他，又要上班，时间长了就会影响主人的工作和生活的正常秩序，进而影响彼此的关系。

还有的人不讲卫生，到了亲戚家里，烟头到处扔。时间不长，人家还可能忍耐克制；要是日子长了，矛盾就会暴露出来。

因此，在亲戚交往中也要改善自己的行为方式，如果方式不当同样会得罪人。

帮忙办事向朋友求助

千里难寻是朋友，朋友多了路好走。朋友相交之初，一般都会有"苟富贵，勿相忘"的誓言，可事实上远非如此。有些朋友在自己富贵发达之后就忘了这话，逐渐与原先那些状况并未有多大改善的老朋友疏远了，甚至忘掉了老朋友，躲着老朋友。

老朋友疏远的原因很多，有可能是发达显贵的一方人格发生了偏差，耻于与无权无势的旧交为伍了；有可能是他心情虽没变，因整天沉湎于繁杂的事务之中难以自拔，无暇顾及他人；也有可能是没有长进的一方妄自菲薄，因自卑而羞于交往……各种原因使两者的交情越来越淡薄了。

在这样的关系下，如何向朋友开口请求帮忙办事情呢？当然，这肯定是被逼无奈、非求不可的事了。在这种情况下不妨采用以下四种方法。

1. 带上见面礼

多年不见，就算是老交情，带点礼物上门也是非常自然的，这更是情感的体现。礼物不在多少，它能把这多年没有交往的空缺一下子填补。

选礼物最好针对对方旧有的嗜好，也可以是土特产，也可以是烟、酒。

当然，礼物不同，见面时的说法也不同。若是旧友嗜好之物，就说是"特意给老兄（老弟）的，我知道你最喜欢这东西"；若是土特产，就说是"带给嫂子（弟妹）和孩子尝尝的"之类。走进了门，便有了开口求老朋友办事的机会了。总之，得带点东西才行。

2. 唤起回忆

这是拜访最重要的办事基础，因为回忆过去就唤起了对方沉睡多年的交情，这交情才是对方肯为你办事的前提。

明朝初年，朱元璋当了皇帝。一天，家乡的一个旧友从乡下来找朱元璋要官做。这位朋友在皇宫大门外面哀求门官去启奏，说："有家乡的朋友求见。"朱元璋传他进来，他就进去了，见面的时候，他说："我主万岁！当年微臣随驾扫荡芦州府，打破罐州城，汤元帅在逃，红孩儿当关，多亏菜将军。"

朱元璋听了这番话，回想起当年大家饥寒交迫、有乐共享、有难同当的情景，又见他口齿伶俐，心里很高兴，就立刻让他做

了御林军总管。

当然，回忆过去，闲聊往事，也有个当与不当的问题。其实朱元璋坐了皇帝以后，先后有两个少时旧友来找他求官做，一个说了直话，引起了他的尴尬，被杀了头；而上述这位说了隐话，而且说得委婉动听，被朱元璋委以高官。

与朋友及家人闲聊过去，如果是当着他的孩子和老婆，也要尽量少去提及让对方成为笑料的"乐事"及尴尬事，这样可能会伤害对方在家庭中的权威，引起对方的反感，你就达不到办事目的。

3. 以言相激

"无事不登三宝殿。"长时间没有来往，此次突然来访，对方便心知肚明你有事要求他。他若不愿帮忙，一进门就会显得非常冷淡，当你把事提出来的时候，他便会表现出含含糊糊的拒绝态度。这可能在你的意料之中，这时，你就得把"死马当成活马医了"。以言相激不失为一种扭转对方态度、继续深入的好方法。

比如，你可以说：

"你是不是觉得，我这事给你找的麻烦太多？"

"我知道只有你能帮我，所以我才来找你的，否则，我能大老远跑到你这里来？"

"我想你有能力帮我，再说这事也不是什么违背原则的事。"

"我临来之前，跟亲友都打过保票了，说这事到你这里一办就成，难道你真让我回家无脸见人？"

以言相激也必须掌握分寸，若是对方真的无能力办此事，也不能太苛求人家，让人家为难，更不能说出绝情绝义的话，伤害对方。只有你了解了对方确实有"多一事不如少一事"的心态时，才可以以言相激，促他去办。

如果他真的帮你去办事，不管办成没办成，事后你都应该说道谢的话，这样会显得你有情有义。

向朋友求助的误区

每个人都希望拥有自己的一片小天地，朋友之间过于随便，就容易侵入这片禁区，从而引起隔阂冲突。譬如，不问对方是否空闲、愿意与否，任意支配或占用对方已有安排的宝贵时间，全然没有意识到对方的难处与不便；一意追问对方深藏心底的不愿启齿的秘密，探听对方秘而不宣的私事；忘记了"人亲财不亲"的古训，忽视朋友是感情一体而不是经济一体的事实，花钱不记你我，用物不分彼此。凡此等等，都是不尊重朋友，侵犯、干涉他人的坏现象。偶然疏忽，可以理解，长此以往，必生嫌隙，导致朋友的疏远或厌恶。因此，好朋友之间也应讲究礼貌，恪守交友之道。

一般说来，求朋友帮助时要避免三个误区。

1. 彼此不分，过分随意

朋友之间最不注意的是对朋友的物品处理不慎，常以为"朋友间何分彼此"，对朋友之物，不经许可便擅自拿用，不加爱惜，有时迟还或不还。一次、两次，对方碍于情面不好意思指责，久而久之会使朋友认为你过于放肆，产生防范心理。实际上，朋友之间除了友情，还有一种微妙的契约关系。以实物而论，朋友之物都可随时借用，这是超出一般人关系之处，然而你与朋友对彼此之物首先有一个观念："这是朋友之物，更当加倍珍惜。""亲兄弟，明算账。"注重礼尚往来的规矩，要把珍重朋友之物看作如珍重友情一样重要。

2. 随便反悔，不守约定

你也许不那么看重朋友间的某些约定，朋友间的活动总是姗姗来迟；对于朋友之求当时爽快应承，过后又中途变卦。也许你真有事情耽误了一次约好的聚会或没完成朋友相托之事，也许你事后轻描淡写解释一二，认为朋友间应当相互谅解、宽容，区区小事何足挂齿？孰不知朋友们会因你失约而心急火燎，扫兴而去。虽然他们当面不会指责，但必定会认为你在玩弄友情，是在逢场作戏，是反复无常、不可信赖之辈。所以，对朋友之约或之托，一定要慎重对待，遵时守约，要一诺千金，切不可言而无信。

3. 乘人不备，强行索求

当你事先不通知，临时登门提出所求，或不顾朋友是否情愿，强行拉他与你同去参加某项活动，这都会使朋友感到左右为难。他如果已有活动安排不便改变就更难堪，对你所求，若答应则打乱自己的计划，若拒绝又在情面上过意不去。或许他表面乐意而为，心中却有几分不快，认为你太霸道，不讲道理。所以，你对朋友有所求时，必须事先告知，采取商量口吻讲话，尽量在朋友无事或情愿的前提下提出所求。

朋友求你相助时应该怎么办

来而不往非礼也。你在要求朋友帮助的同时，也应尽量为朋友解忧。

1. 热心帮朋友办事，可以加深友谊

朋友托你办事，一定诚心诚意尽力而为，中间遇到困难，有事可直言相告，事情办成了，也不要企望回报。这样，你们的友

谊会越来越深。

2. 正确对待"平等"

在人际交往中，人与人之间的"平等"，只能有一个含义，那就是"互相尊重"。真正精明的人是那些懂得如何善待朋友，同时也懂得如何善待自己的人。朋友托你办事情，而有一天你也会托朋友来帮忙解决难题，所以，朋友托办事时，不要自抬身价，要默默无闻令其感知这份人情。

3. 学会吃亏

若是人与人之间没有彼此信任，则没有互助互利；没有较深的感情，则没有彼此的信任。在人际交往关系中要重视情感因素，不断增加感情的储蓄，保持和加强亲密互惠的关系。

与朋友交往实际上也是一笔账。只有肯吃眼前亏的人才能争取到"长期客户"。

自己乐于助人，常接受朋友请托之事，多主动帮助别人，会不断增加感情账户上的储蓄，从而可以赢得许多朋友的友谊和尊重。

4. 主动帮助朋友实现美好愿望

在你力所能及的情况下，朋友来求你帮忙，你当然可以成人之美。要注意的就是，成人之美应以不危害第三者的利益为原则，要在朋友真正需要的时候伸手帮忙，不要做一些"锦上添花"的事，应多做"雪中送炭"的事情。

5. 分外之事尽量帮忙

有时当你正忙于进行一项工作时，或你正进行一项有关你人生前途的大事时，你的同学、朋友或同事却来托你帮忙，这个忙与你的分内之事无关，需要你额外花费时间和心思。对于这样的

第四章　突破困局，借助他人的力量

事情你应该怎么办呢?

如果接受它,势必会给正在进行的工作或其他活动带来不利影响,而如果不接受却会影响你和朋友的关系。这时你应该了解朋友或同事想托你办什么样的事。如果只是一些小事,则可以帮他们办;如果是有一定难度的大事,则应告诉他们你现在很忙,不过你会尽量帮他们办。这样他们也会体谅你的处境,不会过于难为你。

6. 帮过忙后要表现自然

生活中难免会出现你帮别人、别人帮你的事情,若以平常心待之,对人对己都好。有的人给别人帮过忙之后,就摆出一副高高在上的嘴脸,将这件事整天挂在嘴上,这样的人令别人极其厌恶,即使有报答之心也不愿报答了。

还有的人帮过别人的忙之后像什么也没有发生过,见了面还跟以前一样,让别人觉得很不好意思,很容易激发别人的感激之心。这种人一般在众人眼里威信较高,人缘较好,他们帮你做任何事都不会令你觉得有负担。这种人托你帮忙时,也知道心存感激,与这种人交往会给你安全感。

关键之时向同学求助

俗话说:十年寒窗半生缘。可见,同窗之情如果处得好,在某种程度上要胜过手足之情、朋友之情。在这个世界中,能为同窗也算是一种缘分。这种缘分因为它纯洁、朴实,有可能日后发展为长久、牢固的友谊。

现代社会里，想提升自己的人更注重同学关系，同学之间互相帮忙的情形经常可以见到。在一个单位里，同一个学校毕业的同学或校友中，如果有一个晋升到主要的领导岗位，那么，不出几年，这些同学或校友便都能得到提升晋级，这大概就是同学关系的力量。

同学关系有时的确能在关键的时刻帮上自己一个大忙。但是值得注意的是，平时一定要注意和同学培养、联络感情，只有平时经常保持联络，同学之情才不至于疏远，在关键之时同学才会心甘情愿地帮助你。如果你与同学分开之后，从来没有联络过，当你去托他办事时，特别是办那些比较重要的，不关乎他的利益的事情，他就很难热情地帮助你。

有空给远在异地的同学们打打电话，通通信，询问一下对方近来的工作、学习情况，介绍一下自己的情况，互相交流一下，这是很有必要的，这个方法也很有效。碰上同学们的人生大事，如果有空最好亲身参加，如果实在脱不开身，最好也发个 E-mail 或托人带点什么，不然，怎么算得上同窗情谊。

对方有困难的时候，更应加强联系，许多人总喜欢向同学汇报自己的喜事，而对一些困难却不好意思开口，同窗之情完全可以去掉这些顾虑。

而当听到同学家有人生病或遇上不幸的事，应马上想办法去看着。平日尽管因工作忙、业务重没有很多时间来往，但朋友有困难时应鼎力相助或打声招呼表示关心，才更能显出你们间的深厚情谊来。"患难之交才是真朋友"，关键时刻真诚帮忙，别人会铭记在心。

现代社会里，人们都已经充分认识到同学之间交往的重要性，

第四章　突破困局，借助他人的力量

为了大家经常保持联络，加深合作，在一些大或小的城市里，"同学会"、"校友会"已成为一种时髦，这是一种十分有效的方法。一年一小会，五年一中会，十年一大会，关系越聚越坚，越聚越紧，彼此互相照应，"一方有难，八方支援"，这真是中国所特有的人际关系网络，它说明了同学关系已进入了一个更高的层次，不受时间所限，不受空间所限，只要常"聚"，那份关系，那份情，将取之不尽，用之不竭。

即使你在学生时期不太引人注目，交往的范围也很有限度，你也大可不必受限于昔日的经验而使想法变得消极。因为，每个人踏入社会后，所接受的磨炼均是百般不同的，绝大多数的人会受到洗礼，从而变得相当注意人际关系。因此，即使与完全陌生的人来往，通常也能相处得很好。由于这个，再加上曾经拥有的同学关系，你可以完全重新展开人际关系的塑造。换言之，不要拘泥于学生时期的自己，而要以目前的身份来展开交往。

谁都牵挂昔日的同窗，说不定你的音容笑貌还存留在他们的记忆中，千万不要把这种宝贵的人际关系资源白白浪费掉。从现在开始，你就要努力地去开发、建设和使用这种关系。

解决困难向老乡求助

"甜不甜家乡水、亲不亲故乡人"，中国人对故乡有一种特殊的感情，爱屋及乌，爱故乡，自然也爱那里的人。于是，同乡之间，也就有着一种特殊的情感关系。如果都是背井离乡、外出谋生者，则同乡之间更是必然会互相照应的。

在某种程度上，乡情本身便带有"亲情"性质或"亲情"意味，故谓之"乡亲"。

中国的老乡关系是很特殊的，也是一种很重要的人际关系。既然是同乡，那涉及某种实际利益的时候，则是"肥水不流外人田"，只能让"老乡圈子"内的人"近水楼台先得月"。也就是说大多会按照"资源共享"的原则，给予适当的"照顾"。

如此看来，如何搞好老乡关系是非常重要的，不仅可以多几个朋友，最重要的是可以获得许多有用的东西，也许一辈子都会受益无穷。

既然同乡观念在人们头脑中根深蒂固，足以影响了一个人的发展前途，那么我们在拓展人脉关系网时就不可忽视它。

最起码当你在有求于人时，可以提供一条"公关"的线索。对于同乡关系，只要不搞歪门邪道，没有到"结党营私"的程度，完全是可以用的。

在外地的某一区域，能与众多老乡取得联系的最佳方式当然是"同乡会"。在同乡会中站稳了脚跟，跟其他老乡关系处得不错，就等于交结了一个关系网络，也许，有一天，你就会发现这个关系网络的作用是多么巨大，不容你有半点忽视。

齐某是个早年到广州闯荡的游子，现在已在异乡成家立业，家庭生活美满。美中不足的是齐某的人脉关系网窄小——这是许多闯荡异乡的人常见的苦恼。恰在这时，同在这个城市的几位老乡，深感有必要成立一个同乡会，定期聚会，加深感情，以后有什么事大家可多加照应。

齐某一接到邀请，便毫不犹豫地加入到其中并积极筹划，联络老乡，把这个同乡会当成了自己的"家"，并成为"家"中领导之一。

经过两年的时间，同乡会已发展到了具有近 300 人的规模，齐某也等于多认识了近 300 人。这些老乡，各行各业，贫穷富贵，兼容并存，用齐某自己的话来说："我现在办什么事非常方便，只需一个电话，或打声招呼，我的老乡都会为我帮忙，而我也会随时帮老乡的忙……"

在大学里，经常可以见到有某地学生组织同乡会性质的"联谊会"，有人觉得这些人落后狭隘。但事实证明，他们那"抱成团"的宗旨确实给大多数同乡带去了"实惠"，解决了不少困难。后来，这种同乡会性质的团体几乎到处都能见到。它的形式虽是松散的，但"亲不亲，故乡人"的同乡观念有一定的凝聚力，它在"对外"上保持一致性，团结一致，抵御外来的困难和威胁，对内互相提携，互相帮助。

当今社会人口的流动性很大，许多人离开家乡，到异地去求职谋生。身在陌生的环境里，拓展人际关系有一定的难度，那就不妨从同乡关系入手，打开局面。

同乡之间或许没有什么较深的感情交流，主要凭的就是乡情，最突出的体现便是在乡音上。如果同在异乡谋生，遇见老乡时，操着一口乡音，会勾起对方一种亲密的感觉，对方也会极易答应你托他办的事。但是，在托老乡办事时切忌在公众场合用乡音与之交谈，因为有的老乡来自农村，他不愿意让别人从乡音中推测出自己的历史。

托同乡办事除了利用乡音，利用土产也是一条较好的途径。土产也许并不很贵，但是那是故乡的特产，外地买不到，这样，土产中便包含了浓浓的情意，在这种感情支配下，老乡多半会答应你托他办的事。

人们在离开家乡很长时间之后，常常会因为生活、事业上的挫折与生活习惯的不同，勾起思念家乡的感情。每个人都与自己的家乡有一份浓浓的剪不断的牵挂之情，这份感情是每一个在外游子的精神支柱。

在每一个离乡背井的人的记忆深处，都有关于家乡的温馨的回忆，一般人不轻易流露这份感情；但若勾起了他的这份感情，则一发不可收拾。

要托老乡办事，最主要的就是以乡情感动他，勾起他对家乡的思念，使他想到要为家乡做些什么，这样他会毫不犹豫地帮助你。

向领导求助要把握好"度"

找领导办私事，领导往往是板起脸，一副公事公办的样子：你要办什么事儿？为什么要办这件事儿？理由充分吗？这三板斧首先砍得你晕头转向。如果你不能把这几个问题解答圆满，领导自然不会理解你、支持你、帮助你。如果他理解了你，你可能就得到了他的支持，问题可能也就迎刃而解了。相反，如果没有得到领导的理解，甚至有时他还觉得你提出的要求过分了，或者觉得你请求办的事儿有些出格了，那么，办事成功的希望就不存在了。所以，寻求理解对能否把事情办成至关重要。

托领导办私事时，应看准时机和把握火候，最好应先向他的秘书打听一下，他的心情好不好，如果他的心情不佳，就不要找他；

工作繁忙时，不要找他；如果吃饭时间已到，也不要找他；休假前和度假刚返回时，也不要找他。因为在这些时间，你同他谈与工作不相干的问题，他多半会拒绝。凡他拒绝的事你若再提起，只会增加不愉快，还会给领导留下一个难缠的印象。托领导办私事时，选好时机是很重要的。

镇农机站的李平，两口子都是普通工人，也没有什么体面的亲戚，平时倒也不觉得有什么低人一等的感受。可这段时间，两口子都为儿子的升学问题愁眉苦脸。有人给他出点子，要他找站长。不爱求人的李平只好硬着头皮去找站长。站长刚处理完公事，同几个下属在聊天，李平算是逮了个好时机。

"站长，我实在是没有办法，只好来求您了。厂里许多人都给我出点子，说只有您能帮我解脱困境。"李平首先把厂里工人抬出来，给他戴高帽。

站长果然很受用，和颜悦色地问道："说吧，什么事？"

"我儿子初中毕业想进市一中，可是没有关系，分数够了也难进，进不了市一中，今后考大学就成问题了。站长您面子大，认识的体面人物多，站长一句话，比我去四处磕头还管用。"

"就这事？包在我身上了。"站长大包大揽地说。

"站长，真是谢谢您了。"

"嗯，这点小事谢什么吗？要真谢，就让你儿子好好读书，将来考上大学，再出国留学，哈哈哈……"

俗话说：事不关己，高高挂起。托领导办事一定要看事情是不是直接涉及自身利益，如果是，则领导无论是从对你个人还是从关心单位职工利益的角度，都会感到是一种义不容辞的责任。这样的事领导愿办，也觉得名正言顺。

比如，你爱人失业了，费了九牛二虎之力都没有找到一份满意的工作，如果你托单位领导办，领导觉得你重视了他的地位，使他有了救世主的感觉，又可以作为为下属解决实际困难而积累的领导资本。有时，这样的事你不找领导，领导也许还会产生你看不起他的想法呢。

但你一定要知道，这类事必须关系到你的切身利益，或你爱人的事，或孩子的事，或直系亲属的事，如果不管七大姑八大姨的事你都揽过来去托领导办，不但领导不会答应，而且还会认为你太多事，影响你在领导心目中的形象。

托领导办事还要掌握好"度"，不要鸡毛蒜皮的事也去托领导，如果事无巨细都去托，认为领导办起事来比你容易。这样，领导会觉得你这人太烦人，把他当保姆。

比如，你家里需要买一个冰箱，如果托领导去说一下，可能会便宜几百元钱，但这类小事千万不要去托你的领导办，因为这类事显不出领导的办事能力，又贬低了自己，得不偿失。

你要求领导给你办事，领导也有要求你办事的时候。一般说来，给领导办事是"义不容辞"的差事。因为领导是"看得起你才让你办事"，何况给领导办了事后，以后请领导帮忙也容易得多。但是，领导委托你做某事时，你要多加考虑，这件事自己是否能胜任？是否不违背自己的良心？然后再做决定。

尽管下属是隶属于领导，但下属也有他独立的人格，不能什么事都不分善恶是非地服从；下属并不是"下人"。倘若你的领导以往曾帮过你很多忙，而今他要委托你做无理或不恰当的事，你更应该毅然地拒绝，这对领导来说是爱护他，对自己也是负责的。

第四章 突破困局，借助他人的力量

如果你认为这是领导拜托你的事不便拒绝，或因拒绝了领导会不悦，而接受下来，那么，此后你的处境就会很艰难。当因畏惧领导报复而勉强答应，答应后又感到懊悔时，就太迟了。

求助遭拒避免尴尬有技巧

身处困局中的你，满怀希望地向他人提出要求，却当场遭到对方的拒绝，那场面是很令人难堪的。这种被拒绝而产生的尴尬往往会使人感到心冷、失落、心理失衡，甚至出现不正常心理，比如记恨或报复的心理，因而影响彼此之间的关系。

在现实生活中，造成尴尬的原因很多，有些是无法预见、难以避免的，但有些却是可以通过自己的努力加以避免的。

首先，在提出请求之前，要对自己提出的请求被满足的程度有基本的估计，这起码要估计三个方面情况：

一是看自己提出的要求是否超出了对方的承受能力。如果要求太高，脱离实际，对方无力满足，这样的要求最好不要提出。否则，必然会自找难堪。

二是看对方的人品和与自己关系的性质、程度。如果对方并非乐善好施之人，即使你提出的要求并不高，对方也会加以拒绝。对于这种人最好不要提出要求，不然也会自寻尴尬。此外还要看彼此关系的深浅，有时自己与人家并没有多少交情就提出很高的要求，碰壁的可能性就很大。

三是看你提出的要求是否合理合法。如果所提要求违犯政策规定，人家是会拒绝的，最好免开尊口。

在进行求助前，先做上述功课，然后再决定是否提出自己的要求，一般说来这样做是可以避免很多尴尬场面出现的。

其次，要学会试探技巧。

1. 己话他说

如果把两个人面对面地置于一个尴尬场面中却又不留回旋的余地，显然是不适宜的。尽量人为地拉开话题与现场之间的距离，给双方留下一个缓冲带。

张三拜访在市一中当校长的老同学李四，想让自己在普通中学读初二的儿子转学到一中。为了避免遭到李四拒绝的尴尬，张三先是称赞了一中良好的教学质量，然后说："我那不成器的儿子居然也想来一中镀镀金，也不想想自己……"李四一听知道话中有话，忙说："他的想法没错，只是……"

于是，一场尴尬无形之中避免。

2. 实话虚说

张三刚刚托好友李局长为自己办件事，忽然听说李局长被"双规"的传闻，不知真假，又联系不上李局长，就到李家探望。确实只有局长夫人在家，满脸愁容。张三说："我打李局长的手机总是打不通，便赶过来看看是不是发生了什么事？"张夫人长叹一声："唉，胃病又犯了，昨天送医院了……"

原来如此！如果张三实话询问李局长是否真的"双规"，那场面会如何？

3. 庄话谐说

轻松幽默的话题往往能引起人感情上的愉悦，庄重严肃的话题则会使人紧张、慎重。如果可以，最好能把庄重严肃的话题以轻松幽默的形式说出来，这样对方可能更容易接受。

在当今，谁都希望自己获得高工资、高职务。可如果向老板公开提出加薪或升职要求，是不是有点尴尬？一个青年打工者成功地克服了这一点，为我们做了个示范。

一位青年在一家外资企业打工，在较短的时间内，连续两次提出合理化建议，使生产成本分别下降 30% 和 20%。老板非常高兴，对他说："小伙子，好好干，我不会亏待你的。"

青年当然知道这句话可能意义很大，也可能不值一文，便轻松一笑，说："我想你会把这句话放到我的薪水袋里。"洋老板会心一笑，爽快应道："会的，一定会的。"不久他就获得了一个大红包和加薪奖励！

面对老板的鼓励，青年人如果不是这样俏皮，而是坐下来认真严肃地摆出理由若干条，提出加薪要求，可能会适得其反。

4. 明话暗说

渡江战役前夕，国共和谈破裂，国民党政府即将垮台。周恩来力劝国民党和谈代表留在北平共事，不要回去做蒋家的殉葬品。代表们也对原政府失去了信任，却又不知毛泽东能不能容忍他们这些异党分子，就想探个究竟，也好为自己求得一条退路。可如果直接相问，就明显有乞降之嫌，有一个成员趁打麻将的时候，轻描淡写地问毛泽东："是清一色好，还是平和好？"毛泽东心领神会，爽快答道："还是平和好，我喜欢打平和。"

就这样，一个重大的信息悄然传了过去，代表们全留了下来。问者固然高明，回答也是不凡。如果毛泽东再把暗话挑明，拍胸脯担保众人平安无事，一则显得深度不够，二则也似当面在说："我饶你不死。"则双方尴尬在所难免。

求人办事避免冷遇的方法

求人办事受到冷遇很常见。对此，不同的人有不同的反应：或拂袖而去，或纠缠不休，或怀恨在心。这样的反应其实是不利于办事的，甚至有时会因小失大，影响办事效果。因此，了解受到冷遇的具体情况再作不同的反应，是十分必要的。

若按遭冷遇的原因分，无非以下三种情况：

一是自感性冷遇，即估计过高，对方未使自己满意而感到的冷落。

二是无意性冷遇，即对方考虑不周，顾此失彼，使人受冷落。

三是蓄意性冷遇，即对方存心怠慢，使人难堪。

当你被冷落时，要区别情况，弄清原因，再采取适当的对策。

对于自感性冷遇，自己应反躬自省，实事求是地看待彼此关系，避免猜度和嫉恨人。

常常有这种情况，在准备求人办事之前，自以为对方会以热情接待，可是到现场却发觉对方并没有这样做，而是采取了低调方式。这时，心里就容易产生一种失落感。

其实，这种冷遇是对彼此关系估计过高、期望太大而造成的。这种冷遇是"假"冷遇，非"真"冷遇。如遇到这种情况，应重新审视自己的期望值，使之适应彼此关系的客观水平。这样就会使自己的心理恢复平静，除去不必要的烦恼。

有位朋友到多年不见面的一个老同学家去探望。这位老同学已是商界的实力派人物，每天造访他的人很多，感到很疲劳，大有应接不暇之感。因此，对一般关系的客人，他一律不冷不热待之。

这位朋友一心想会受到热情款待，不料遇到的是不冷不热，心里顿时有一种被轻慢的感觉，认为此人太不够朋友，小坐片刻便借故离去。他愤然决心再不与之交往。后来才知道，此人并非针对哪个人。他再一想，自己并未与人家有过深交，自感冷落不过是自作多情罢了。于是他又改变了想法，并采取主动姿态与之交往，反而加深了了解，促进了友谊。

对于无意性冷遇，应理解和宽恕。在交际场上，有时人多，主人难免照应不周，特别是各类、各层次人员同席时，出现顾此失彼的情形是常见的。这时，照顾不到的人就会产生被冷落的感觉。

当你遇到这种情况时，千万不要责怪对方，更不应拂袖而去，而应设身处地为对方着想，给予充分理解和体谅。

比如，有位司机开车送人去做客，主人热情地把坐车的客人迎进，却把司机给忘了。开始司机有些生气，继而一想，在这样闹哄哄的场合下，主人疏忽是难免的，并不是有意看低自己，冷落自己。这样一想气也就消了，他悄悄地把车开到街上吃了饭。

等主人突然想起司机时，他已经吃了饭且又把车停在门外了。主人感到过意不去，一再检讨。见状，司机连说自己不习惯大场合，且胃口不好，不能喝酒。这种大度和为主人着想的精神使主人很感动。事后，主人又专门请司机来家做客，从此两人关系更密切了。

司机的这种态度引起的震撼会比责备强烈得多，同时还能感召对方改变态度，用实际行动纠正过失，使彼此关系得到发展。

对于有意性冷遇，也要具体情况具体分析，给予恰当处理。一般来说，在这种情况下，予以必要的回击既是维护自尊的需要，也是刺激对方、批判错误的正当行为。当然，回击并不一定非得是面对面地对骂不可，理智的回敬是最理想的方法。

有这样一个例子：一天，纳斯列金穿着旧衣服去参加宴会。他走进门后，没人理睬他，更没人给他安排座位。于是，他回到家里，把最好的衣服穿起来，又来到宴会上。主人马上走过来迎接他，给他安排了一个好位子，为他摆了最好的菜。

纳斯列金把他的外套脱下来，放在餐桌上说："外衣，吃吧。"

主人感到奇怪，问："你干什么？"

他答道："我在招待我的外衣吃东西。这酒和菜不是给衣服吃的吗？"

主人脸立刻红了。纳斯列金巧妙地把窘迫还给了冷落他的主人。

还有一种方式，就是对有意冷落自己的行为持满不在乎的态度，以此自我解脱。有时候，对方冷落你是为了激怒你，使你远离他，而远离又不是你的意愿和选择。这时，聪明的人会采取不在意的态度，"厚脸皮"地面对冷落，我行我素，以热报冷，以有礼对无礼，从而使对方改变态度。

求人办事，用尽了各种方法还是遭到了拒绝，这时，你应该做到以下三点。

第一，不要过分坚持。对方既已拒绝，必有原因，如果过分坚持自己的要求，不但会使对方为难，而且也使自己陷于被动；一旦被坚决地拒绝，心理上将很难接受。

第二，不要过分追究原因。的确，被拒绝心里是很不好受的，任何人都想知道原因，但是如果穷追不舍地缠住对方，非问清原因不可，往往会破坏双方感情。

第三，保持礼貌。人生不如意的事很多，又何必在区区小事上计较个没完。被人拒绝后要做到豁达大度、不抱成见。当你领会到对方拒绝的意思时，不妨自己把话打断，干脆表示没关系，反过来再安慰对方几句，请他不必介意。对方会感到过意不去，说不定以后会很主动地帮你忙呢！

第五章 | 化解内外情感的困惑

　　面对婚姻的围城，无论是想冲进去还是想挤出来的人，都不要把婚姻当成解决自己人生问题的一个手段。因为城里有城里的烦恼，城外有城外的苦恼，哪儿都不是天堂。

　　一直以来，人们都把爱情捧上了神坛，却将婚姻踩到了脚底。关于爱情的美好，艺术家们用尽了天下最美好的词语。对于婚姻，说得狠点的是"婚姻是爱情的坟墓"、"婚姻是人生的火炕"，说得有哲理味儿的是"婚姻是一座围城：城外的人想冲进去，而城里的人想挤出来"。

尽量不要在办公室里谈恋爱

在一家贸易公司上班的白领杜娟最近陷入了一场办公室恋情。随着两人感情的升温，他们在甜蜜之余不由得有些恐慌。他们既不愿放弃对方，又怕因办公室恋情而导致一方失去工作。

十步之内，必有芳草。虽然上班一族生活圈子狭窄，容易跟同事日久生情，但从多方面考虑，办公室恋爱还是要尽量避免。

不是怕被同事取笑，那是小事而已。打得火热的恋人，恨不得马上公开关系，任由人家指指点点，将自己的甜蜜分享出去。只是办公室内有太多的利益关系，容易让爱情渗入杂质。情侣一同工作会引来很多不便、尴尬，又会因工作上的意见分歧而影响感情，公私不分，徒生枝节。

日夜相见表面上是好事，实则处处被人监视，一举一动都不自然。有时候，男人赞美女同事的新发型，本来是很不错的人际润滑剂，但给女朋友看见了，一场酸风醋雨就会来临。

所以，办公室恋情常常导致工作伦理的扭曲和破坏，一旦有了瓜葛，往往后患无穷。曾经听人说过这样的一句话："男欢女爱是办公室里不可缺少的'道具'。"

你可能对这样的论调不予苟同，不过，自从有了办公室，并且将不同性别的男女共聚一室一起工作以来，彼此互相仰慕的办公室恋情便开始流行。

没有人能否认，办公室的确是容易培养恋情的极佳空间。假如名花无主的她有幸目睹一位潇洒的男士工作起来干练、自信的模样，很难不对他产生倾慕；同样，如果血气方刚的你看到一位仪态优雅、容貌秀丽的女士坐在你对面，恐怕也很难忍住不对她心神向往。

虽然人人皆知办公室恋情绝对存在，但是，奇怪的是这类事情的结局大多是只开花不结果，最后常常不欢而散。而且，男女当事人动不动就变成众矢之的，公司里负面的批评永远大于正面的肯定。如果两个人都是单身，情况还稍微好些，假如其中一个已婚，那局面就复杂多了！一旦对方家属闹起来，保不准让你的风流韵事满世界地飞。

此外，办公室恋情容易受到质疑，主要是因为有违工作伦理。因为，"公平、公正、客观"很可能会在两人的私人关系中被质疑。

你或许会不以为然地反驳："自己可以不受私情影响，绝对可以做到公私分明。"不过，到了那个时候，恋情是否真的会影响工作精神与办事能力，通常已经变得不重要了。重要的是，周围的同事与上司究竟如何看待这件事，因为，他们总是把自己认定的标准当成真正的事实。

一般而言，多数单位都不喜欢内部出现任何形式的男女关系（外企工作的白领尤为注意），老板不会欣赏那些没有把精力全部放在业务上的人。很多公司甚至明文规定禁止员工谈恋爱，任何触犯禁忌的人都要被迫换工作。某些作风开明的公司，则规定在工作位阶上不得为直属关系，万一真的遇到这种状况，其中一人必须调到其他部门。

此外，万一两人的爱情不幸破裂，关系不好了之后，最大的坏处就是一旦分手就非常尴尬。跟同事谈恋爱，分手后仍然被迫见面，是很不人道的一件事。如果有人事后到处嚷嚷，说坏话，

第五章 化解内外情感的困惑

145

那就会影响自己的饭碗。

管理专家指出，办公室恋情之所以危险，主要是受限于工作场所的政治性和人际关系的结构。办公室毕竟不比在家里，在强调阶层和地位的办公室里谈恋爱绝对是危险的。人际关系专家欧恩·爱德华尔提出警告说："办公室爱情比办公室政治更需要高明的技巧、冷静的头脑，否则无法保得百年身。"

有道是：爱我所爱，无怨无悔。虽然是生长在办公室这样一种崇尚理性与效率的土壤里，这样的恋情被打上更多的问号，但爱情还是猝不及防地降临在你的头上。如果有一天，你和你的同事坠入了爱河，该怎么办呢？

首先，你需要慎重考虑：你喜欢对方什么，是因为他外貌吸引人，还是因为他工作的样子吸引你？如果你不能确定自己对他能有全方面的了解，那么，还是慢一点行动的好。想一想，万一所托非人，丢了心，又丢了工作，怎么办？

倘若是真心相恋，相恋之初尽量不要使恋情曝光。两人可以相互提醒对方，别在办公室里谈恋爱，把保密措施做到最好，争取不留任何蛛丝马迹，也就没有后顾之忧。

热恋之中的男女，总是会有一些甜蜜的举动。不过你们在办公室中绝对不要眉来眼去、打情骂俏，尽量保持如以前一样正常上班的状态。就算你们的恋情已经公开并幸运地得到了公司的允许与同事的祝福，你们也不要做出这样的举动。

一般来说，办公室恋情较难得到老板的认可。如果这段恋情对你很重要，而这份工作对你同样重要，两者之间很难取舍，而恋情又不可能永久处于"地下工作"，总会有结婚的那一天的。这个时候，建议可以和老板主动沟通，申请调换部门或调换别的不会因为你们的恋情而影响工作的岗位。这种方式远比老板炒你们其中一个要坦诚与主动得多。也许有人会认为恋爱自由、婚姻自由，老板无权因为两人的恋爱与结婚而炒人，但事实上，老板要一个人走，不用"炒"的方法，变相地"撵"走一个人是很容易的。因此，你必须掌握主动，力争老板的帮助。

如果老板最终无法帮你，你们就该商量谁牺牲自己的工作转职了。关于谁去谁留的问题，也可以和老板坦诚商量。因为老板留下的人，相对来说更有发展前途。在这个问题上，走的一方必须走得无怨无悔，有人为爱情可以付出生命，而你仅仅付出一份手里的工作而已(或许还有更好的工作在等着你)。你的代价不大，应该为有一个爱人而高兴，而不是为失去一份工作而伤心不平。

如果两人的恋情不幸生于办公室、死于办公室，无论是谁对谁错、谁负心了，任何一方都应该保持基本的礼貌，打消报复对方的念头。在分手之后，对同事喋喋不休地批判昔日恋人的人格或是他（她）的工作，都会让人觉得你是一个彻头彻尾的失败者。即使你在心里面诅咒了对方一万遍，只要你待在公司里，就必须做到对他（她）礼貌而客气。就算他（她）离开了公司，你也不能在公司同事面前作愤青或怨妇状。否则，你得到的只是别人的鄙夷。

找一个适合、爱你的恋人

"他从来没有真心地爱过我，只会逢场作戏，欺骗我的情感……"一位刚失恋的女孩眼泪汪汪地对心理咨询师述说男朋友的种种恶行。

"别太难过了。"心理咨询师安慰她说，"这也算不幸中的大幸，他离开你是因为不再爱你；试想：如果他不离开你，你就要和一个不爱自己的人结婚甚至生活一辈子，你不就更惨了！"

"也是，"那个女孩回道，"但失去了一份感情，我总不甘心！"

心理咨询师说："一段欺骗得来的情感、一场没有爱的婚姻、一个没有幸福的未来，你认为你能从中得到什么？"

受害者的特征之一，就是无法认知事情虽有不幸或糟糕的一面，但也有好的一面。

失恋就是与一个不适合你的人分手——不管是你不适合他还是他不适合你都是不适合，那有什么不好？

再找一个更适合你或更爱你的人，不是更好吗？

现代爱情要有心理弹性

"说到底，爱情是超越成败的。爱情是人生最美丽的梦，你能说你做了一个成功的梦或失败的梦吗？"这是作家周国平先生的话，无论我们的爱情是什么状况，用这句话来鼓励和安慰自己都不失为聪明之举。

现代的爱情似乎处于快餐时代，一些骨子里有传统思想的人，要想在现代爱情中游刃有余、进退自如，需要提高自己的爱情智商。《中国妇女报》的周俭为读者列出了以下七条意见，我们摘录如下：

1. 相信爱情，但不迷信爱情

相信天长地久、海枯石烂的爱情是存在的，但期望它会超越一切是不现实的。爱情可能随时间的变化而变化，它的消亡不一定意味失去生命的全部。对爱情作如此认识，可以使我们不迷信爱情，也就不容易受伤绝望。

2. 能进也能出

投入的时候可以忘我，结果出现时该让理性站出来，不论这种结果是婚姻的开始还是爱情的结束，这样才能把握爱情的主动权，不在感情中迷失。所谓"该放手时就放手"。

3. 主动和理性的姿态

守株待兔地等待爱情，一定会错失很多机会，但盲目抢夺爱情，则会损人不利己。以主动的姿态，自信地追求爱情，开放心灵，便会拥有爱情，而不会让爱情因自己的追求失当而葬送。

4. 具有爱的能力

爱的能力包括付出的能力、理解的能力、宽容的能力和自我承担的能力。不要指望爱人会为我们分担一切，很多东西我们仍然需要独自面对；付出比索取对爱情更有益，也使自己更快乐；宽容对爱情有出乎意料的效果，用要求、指责、恳求都达不到的目的，宽容也许可以奏效。

5. 有一点心理弹性

享受爱情的亲密，接受爱人的疏离，松和紧都能悠然掌握。拥有的时候要珍惜，失去了就赶快转弯，不必没完没了地追悼过去，相信新的爱情就在前方。

6. 了解一点爱情心理

似可得又不可得的状态，感情极易升温，利用这一点可以强化爱情气氛；制造一点小障碍，会使爱者斗志更高昂；爱人遇到挫折，最需安慰；新鲜花样永远是爱情所需。诸如此类，不一而足，用好了，会形成良性的互相激励态势。

第五章　化解内外情感的困惑

7. 有一点经济基础

虽然物质和爱情不一定成正比，但有一点物质基础绝对有益于爱情的健康生长，不食人间烟火的爱情很难长久。

站在成熟的阶梯上做出选择

为什么有的人不能一次恋爱成功？

人生是个漫长的旅程。在这个旅程中，人们大都要经历若干级人生阶梯。这种人生阶梯的更换不只是职业的变换或年龄的递进，更重要的是自身价值及其价值观念的变化。在"又升高了一级"的人生阶梯上，人们也许会以一种全新的观念来看待生活，选择生活，并用全新的审美观念来判断爱情，因为他们对爱情的感受或许完全不同了。

这种情况在某些影星的生活中常可见到。英格丽·褒曼在其自传《我的故事》中叙述了自己的三次选择伴侣的始末。她的初恋在当时的境况下也是一次满意的恋爱。然而，这位天才少女的奋斗征程和她的价值观念是同步生长的，当她蜚声影坛时，褒曼才找到了她的生活位置和人生价值：她完全成熟了。因而，她水到渠成地做了第二次选择：与同行罗伯托结合。这次选择，对于超级影星褒曼来说，应当说是合情合理的。尽管生活逼迫她做了第三次选择，她的女儿曾断定母亲"不善于选择丈夫"，但褒曼一生的爱情光环都是围绕着与她志同道合的罗伯托。

这种人生的"阶梯性"与爱情心理中的审美效应的变化关系，在许多历史伟人的生活中也可看到。比如歌德、拜伦、雨果等，他们更换钟情对象往往表现了他们对理想的痛苦探求，同现实发生冲突所引起的失望，和试图通过不同的人来实现自己的理想形象的某些特点的结合。

虽然更换钟情对象有时是可以理解的，但是，这种选择给人们带来的痛苦也是显而易见的。因而人们应该尽可能在较成熟的阶梯上做一次性的选择。那种小小年纪便将自己缚在某一个异性身上的做法，显然是不足取的。

夫妻吵架要懂得退让

所有关于王子与美丽女孩的童话，都在他们终于结合在一起时戛然止笔。美丽曲折的爱情一旦变成琐碎无趣的生活，连最高明的作家都觉得难以下笔。王子和美丽女孩"高高兴兴地生活在一起"，他们也会吵架吗？我想答案是肯定的。

从不吵架的夫妻估计比大熊猫还稀少。不少婚姻走向破裂，就是双方在无休止的吵架中共同完成的。

结婚三年的刘薇近来就为她和丈夫的频繁吵架而苦恼不已。他们之间的吵架越来越频繁，为了一件小事就吵得天翻地覆。没有人喜欢吵架，刘薇也是这样，但她总是克制不住自己，而且一旦交上了火，双方就迅速将战火升级，有时甚至上演全武行。刘薇不愿意她的婚姻在一次又一次的吵架中逐渐破碎，她希望找到一个挽救婚姻的方法。

俗话说：勺子没有不碰锅边的。恩爱夫妻也一样，两人共处的时间长了，难免会遇到不快的事，夫妻间总有相互顶撞的时候。如果你不想损伤对方的自尊心，你就必须学会说"很抱歉！""对不起！""原谅我吧！"一类的礼貌用语。

在日常生活中，我们有时会遇到这样的情形：一些夫妇动辄发怒，事后又不分析原因，不设法解决。对此，许多夫妇颇有微词，并称之为婚姻上的"慢性自杀"。而他们则认为，一味地忍耐，不发生任何口角和冲突，夫妻关系就会好。这样表面看似乎平静了，实则已走向了另一个极端。回头看看他们的二人世界，关系的确"好"，但他们之间却不会温暖和体贴，不会经常有爱情的火花迸发。因为他们忽略了这样一个事实，所有的家庭都会存在着一定程度的矛盾，你的配偶也许不会每时每刻都对你充满柔情蜜意，但彼此希望满足某些要求是合理的——只要这些要求不苛刻就行。正确的做法应该是，既认识到偶尔的生气和冲突是一种正常现象，又注意保护你应该具有"权利"。

夫妻吵架无输赢之分，谁是谁非不可能明明白白。有时只不过是做某一个"选择"，而这个"选择"往往来自一方的让步。

懂得了吵架的艺术，夫妻就能虽吵犹亲，爱情的纽带也将越来越紧。怎样才能做到这一点呢？

1. 允许对方偶尔生气

如果你认识到彼此间爱慕的一对夫妇，也不免会有嫉妒、烦恼和生气的事情发生的话，那么当这些情绪来临时，你就不会惊惶失措，因为这并不意味着他或她已经"没有感情"了。也许你的配偶是因为上司对其责怪的缘故而情绪低落，没有向你表示缠绵之情，但即使这暂时的不快不是你的过错，你也应该问："亲爱的，我做了什么事惹你生气了吗？"如果回答是否定的，你可以再问："那么，我能为你分忧吗？"如果对方不需要，你就不必打扰。要知道，这些问候是你给予的最好的安慰。

2. 努力理解对方的观点

我们时常可以看到，夫妻之间一旦产生了意见分歧，双方都只顾强调自己的道理，而不注意听取对方的道理，这是使矛盾激化的常见原因。这时，你应冷静下来，思考对方的意见，若发现对方的观点正确，你就应放弃你个人的意见，"在真理面前人人平等"，这样，矛盾自然不会激化。

3. 心平气和地阐述个人的意见

耐心听取对方的意见后，如果仍然认为有必要把自己的观点讲清楚，以说服对方，则阐述时一定要心平气和，尽量放慢语气把自己的道理讲清楚，即"晓之以理，动之以情"，不可把自己的观点强加给对方，否则对方会产生反感，听不进你的意见。

4. 以冷对热

以冷对热的关键，就是你吵我不怒。在一方感情激动、控制不住自己的时候，任他发火，任他暴跳如雷，不去理睬他。"一个巴掌拍不响。"一个人吵，就吵不起来，等他情绪平和以后，再和他慢慢说理，他就容易接受。

5. 说话要有分寸

即使忍不住争吵，说话也要有分寸，不能说绝情话，不能讥笑对方的某些缺陷，或揭对方的"伤疤"，更不能在一时气愤之下，破口大骂，不计后果。比如有的人吵架时言语不留余地："你是不是问得太多了？""我要你怎么干就怎么干！""你受不了可以滚。"等，这类话咄咄逼人，很容易引发更大的冲突。

6. 直接表达自己的期望

如果一方想表达自己某种强烈愿望，最好直说"我想……"。比如妻子责怪丈夫好久未带自己上餐馆，她就不妨直说："我想今晚到外面吃饭。"而不要说："你看老板每周至少带妻子上一次饭店，而你呢？"

7. 就事论事

为了哪件事吵，谈清这件事就行了，不要"翻旧账"，上纲上线，也不要无限扩大。将陈谷子烂芝麻一股脑翻出来，把一场架吵成几场架搅成一锅粥，这是极不明智的做法。

8. 不要以辱骂代替说理，更不能动用武力

夫妻之间之所以发生争吵，主要是因为一方的观点没能说服对方。因此，要想使争吵得到解决，唯一的办法是都冷静下来通过充分说理，使双方的观点达到一致。如果一方只求个人的一时痛快，采取简单、粗暴的办法，甚至不惜用辱骂、殴打的手段制服对方，虽然暂时占了上风，却可能在感情上造成更大的裂痕。

9. 主动退出

不少夫妻在争吵过程中，总有一种占上风的心理，就是都要以自己"有理"来压服对方，结果谁也不服谁，反而越说越有气。其实，夫妻之间的争吵，一般没有什么原则问题，许多是是非非纠缠在一起，也不易分清，特别是在头脑发热、情绪激动时更不易讲清。如果争吵到了一定时辰和一定程度，发现这样下去还不能解决问题，那么有一方就要及时刹车，并告诉对方休战了。这并不是屈服、投降，而是表示冷静和理智。比如可以用幽默打破僵局，或者干脆严肃地说："我们暂停吧！这么吵也解决不了问题，大家冷静点，以后再说。"之后，任凭对方再说什么，也不再搭腔。

性格不同的夫妻也会相处得很好

小敏和张兵恋爱时，双方都对对方非常满意。他们相处得很融洽，各自暗暗庆幸自己找了一个志同道合的好伴侣。谁知结婚不久，两人就不那么和弦了。原因何在？性格不同。小敏是一个急性子，而小张是一个慢性子。小敏看不惯小张的温温吞吞，小张受不了小敏的风风火火。

恋爱时，双方所表露出来的性格差异往往并不明显。这一般不是因谁在故意欺骗隐瞒，而是双方在荷尔蒙的刺激下无意识心甘情愿地迎合与迁就对方。结婚后，荷尔蒙回归正常浓度，本性方才各自暴露。加上双方在恋爱时，透过"爱情"眼镜，对方的缺点往往可以成为优点；而结婚后，缺点终归还是缺点。

性格不同的夫妻，在性情、爱好上有一定的差别，摩擦是不可避免的。有些性格不同的夫妻，常为他们的性格不同而苦恼。因为他们都认为自己的性格好，而抱怨对方的性格"不好"，并为此经常发生争吵，影响了夫妻感情。因此，私下后悔地说："当初，我真不该找了一个这样性格的人！"

夫妻间性格不同是正常的，也是比较普遍的现象。性格不同也不一定会影响夫妻感情。现实生活中，夫妻性格迥异而感情融洽的不是大有人在吗？苏联心理学家巴甫洛夫把人的高级神经活动类型分为 4 类：A. 兴奋型；B. 活泼型；C 安静型；D 抑制型。按他的观点，各种性格组成的最佳方案应是 A—C、B—B、A—D。如果是 A—A 两个急脾气的人难免常常发生唇枪舌战，甚至大动

干戈；如果是 D—D 型，两个人性格都内向，不喜言谈，家庭中就会没有活力，死气沉沉。所以，夫妻性格不同，有时倒会优缺互补，刚柔相济，家庭可能会更和谐、更稳定、更有生气。

其实，性格相近的夫妻也不见得都相处融洽。两个急性子就一定会融洽相处吗？说不定两个急性子的脾气都火爆，一有点矛盾就起火星，一有点火星就爆炸，这种局面还不如性格不同呢。

只要我们仔细观察一下自己周围所熟悉的夫妻们，就不难发现：不少性格迥异的夫妻，他们相处得很好。

首先，夫妻双方对性格要有正确的认识，要互相尊重对方的性格。性格是人对事物所表现的经常的、比较稳定的理智和情绪倾向，并不像品德一样有优劣之分。不同性格各有不同的长处或短处。比如，急性子性格大多直爽，容易相处，但好发火，发起火来，可能让人忍受不了。相反，慢性子大多态度和蔼，容易相处，办事讲究质量，但速度较慢。性格外向的人则多活泼开朗，而性格内向的人则稳定、深沉。真是各有长短。

其次，夫妻各自要朝扬长避短、异质互补的方向努力。有了正确认识之后，要主动地容纳对方，而且在家庭生活中应该发扬双方的长处，避开短处。比如，让善于交际的一方主外；做事心细的一方理财。夫妻双方的经历、兴趣和脾气不同，可以称为"异质"，异质可以互补。急性子同急性子，慢性子同慢性子，虽然性格一致，但闹起矛盾来，前者可能闹得"山呼海啸"，后者则会闹得没完没了不见晴天。相反，急性子慢性子相配，如能注意互补，往往会刚柔相济，急慢相和，动静相宜，进而相得益彰。

人的性格形成固然有其生理基础，一般来说是很难改变的。但在家庭、学校、工作、经历等生活实践中，环境对性格的形成和变化起着潜移默化的修正与完善作用。一对夫妻共同生活十几年、几十年之久，在这漫长的时间里，相互帮助，相互影响，每个人消极的性格在一定程度上会得到克服，积极的性格也会培养成功。当然，最重要的还是夫妻间不断加深感情，这是减少夫妻矛盾的最好办法。

解决七年之痒到三年之痛的妙招

据说爱情只有 18 个月的保鲜期，而婚姻在七年左右最危险。婚姻所谓的"七年之痒"，指的正是婚姻在七年岁月的打磨下黯然无色。七年的时间里，随着夫妻双方的熟悉使各自魅力大减，浪漫与潇洒随着生活的压力而丧失殆尽，婚姻终于进入一个被称为"玻璃婚"的危险期。

"七年之痒"本来的意思是说许多事情发展到第七年就会不以人的意志出现一些问题，套在婚姻上竟然十分合适。结婚久了，新鲜感丧失。从充满浪漫的恋爱到实实在在的婚姻，在平淡的朝夕相处中，彼此太熟悉了，恋爱时掩饰的缺点或双方在理念上的不同此时都已经充分地暴露出来。于是，情感的"疲惫"或厌倦使婚姻进入了困局，如果无法选择有效的方法通过这一困局，婚姻就会终结。

从人的成长角度来讲，大多数人是在婚姻中实现自身成长的。恋爱的时候对自己的认识和把握还不清楚，更不知道自己需要什么样的配偶。随着婚龄的增加，尤其是许多家庭抚育幼儿之后，育儿任务的繁重和教育理念的差距，使婚姻中长期积累的矛盾慢

第五章　化解内外情感的困惑

157

慢凸显。加之双方人生发展轨迹的不同，造成实力的悬殊和共同语言的减少。婚姻专家指出，最大的离婚理由，不是婚外情，而是夫妇二人不能配合，不能再生活在一起。从沟通的方式来讲，中国有句俗话"熟人不讲理"，夫妻间的关系太熟了，往往忽略配偶的需要，不再选择表达的方式，在表露自己情感的时候不加掩饰，很多情况下会伤及对方。孩子出生之后，母亲的情感全部迁移到孩子身上，冷漠成了双方情感的症结，彼此的负性情绪相互传染，使家庭氛围紧张。

有专家给正身陷七年之痒困局的夫妇们提供了三招，现摘录如下。

第一招：给婚姻松松绑

亲密无间，是很多夫妻追求完美生活的最高境界。但有时，适当的亲密有"间"，反而会让婚姻进入良性发展空间。

李勇和柳眉结婚六年，即将步入第七个年头。两个人常常会为了一点芝麻绿豆的小事儿争吵不休，一旦吵起来，双方都寸步不让。

一次，李勇到外省出差，要走两个月。结婚以后，他们从没分开过这么久。李勇走后，柳眉松了一口气，觉得自己终于可以安静一段时间了。结果还不到一个月，柳眉就开始无法自控地想念李勇。他们之间的电话越来越频繁，每次通话时间也越来越长。他们居然有了当年恋爱时的感觉。将近七年的婚姻，让他们彼此成为了对方的左手，存在时感觉没有多大用处，但当左手无法用上劲时，他们认识到了左手是如此不可或缺。

如今，他们会从一年中拿出一个月的时间，给彼此放个假，给婚姻松松绑，让对方喘口气儿，也让婚姻喘口气儿，然后再携手继续走下去。

柳眉觉得这种方式非常适合婚姻生活，因为如今正处在七年之痒中的他们，感情反而比原来更好了。李勇也感叹，在一起虽然没有特别的感觉，但分开后竟然还有着丝丝缕缕的牵挂。

第二招：给爱情加点油

爱情是婚姻的保险。而爱情如同一盏油灯，如果长时间不加油的话，光亮会愈来愈微弱，甚至熄灭。

大刘和小珊结婚八年，感情一直很好，他们的婚姻保鲜绝招是：时常给爱情加点油。大刘的工作非常繁忙，但他总会抓住时机为妻子做些不起眼的小事。早晨，小珊还没睡醒，大刘就要准备上班了。他会顺手帮小珊把刷牙杯子倒满水，给牙刷挤上牙膏。这事虽小，但却让小珊一天都在欣喜中度过，因为老公心中有她，就已经让她很满足了。

大刘有时需要加班，很晚才回来。他一回到家里，小珊就会接过他手里的公文包，并给他泡上最喜欢喝的龙井茶。当大刘坐在沙发上休息时，小珊会帮他做些简单的按摩以缓解疲劳。事情虽然都是一些小事，但小事也可以见真情。

婚姻生活本来就是由琐碎的小事情组成，惊天动地的大爱只有在遭受大的变故时才能有表现的机会。所以每天请为对方做一件小事，让对方感觉得到你是他（她）生命中最重要的人，值得他（她）去珍爱和牵挂。用爱和温暖去为婚姻投资，你得到的回报将十分丰厚。

第三招：给婚姻败败火

人在憋了一肚子怨气时，情绪就"上火"了。情绪"上火"若不及时败火，肚子里的怨气累积多了，总有一天会爆发一场大

战，导致两个人的关系恶化。

当你对爱人有什么不满时，当然首要的是容忍。不过在容忍到一定限度时，不妨向对方提提意见。当面提或许会导致吵架，那么就换一种间接的方式。例如，用留纸条或发电子邮件的方式，"控诉"对方。用这种间接的方式，有助于双方避免情绪化的对立。

夫妻之间的交流与沟通，有很多种方式，而吵架是最笨的办法。如果一段婚姻长期"上火"，总有一天会着火。所以给婚姻找一个正确的发泄渠道是十分必要的。

据婚姻调查的资料显示，生活在都市里的夫妻，七年之痒正朝三年之痛发展。生活的节奏在加快，婚姻的变化接着也跟上了这个潮流。

一位男士有天晚饭后正在家中看电视，不知结婚三年的太太在一旁唠叨些什么，他专注地盯着电视，没去理会。

这时太太突然站了起来，开始在客厅里翻箱倒柜找东西，找着找着，逼近了他身旁，甚至把他坐着的沙发垫也给翻了过来。

这下他实在忍不住，便开口问："你到底在找什么？"

她说："我在找我们感情中的浪漫，好久没看到了，你知道它在哪儿吗？"

这个回答既幽默又令人心疼，也道出了许多老夫老妻心中的无奈。

在一起久了，感情的确稳定下来，但风味似乎也由浓烈转为清淡。原先的激情不在，猛一回首，才惊觉自己手中一路捧着的爱情之花早已如风干的玫瑰；变味走调多时。

这阵子演艺圈不时传出消息，许多爱情长跑多年的银幕情侣纷纷宣布分手，而普普通通的你我也听到周围朋友分分离离的消息此起彼落，不禁让人担心起来，爱情是否真是无常。

其实对待爱情，就应该如同照顾鱼缸中的热带鱼，必须常常换水以保新鲜，这样五颜六色的热带鱼才能自在、顺心地摇摆出绚烂的生命力。

美国心理学家安吉莉丝有个不错的建议，她把它称为"亲密大补贴"，是一个三乘三处方，亦即一天三次、一次三分钟，主动对另一半表达你的爱意。

每天的三次分别在什么时间进行比较好呢？不妨试试早上下床前、白天上班时以及晚上就寝前。

早上睁开眼，先别急着下床，可以抱抱另一半，享受跟心爱的人一起睡醒的温暖；还有，在白天找个时间通三分钟电话，告诉对方你正想着他；另外，晚上临睡前，更该花些时间相互表达浓情蜜意。

这个做法非常合乎快乐的原则，因为快乐感不能一曝十寒，而是源于随时产生的小小成就感累加后的效应。

把你的爱情当成鱼缸中的热带鱼，使用三乘三"亲密大补贴"来细心照料，你会发现，你的爱情将能永葆新鲜。

夫妻双方出现外遇的征兆及信号

爱人有了外遇，这是人生一大痛苦。多少花前月下的甜言蜜语，多少斩钉截铁的山盟海誓，到头来如肥皂泡般破灭。

倘若对他（她）没感情倒也罢了，顺水推舟好聚好散。倘若夫妻双方仍有感情，受害者往往容易在痛苦之中做出一些极不理

智的行为，造成令人唏嘘的家庭悲剧。

爱情的大厦还有基础吗？如果有，那么就应该马上采取加固措施。

1. 保持冷静

是真的吗？许多情况下，所谓爱人有了外遇，无非是一些捕风捉影的谣言，你需要冷静甄别。如果这些都是真的，要保持冷静的确很困难。心中的愤怒与痛苦如高温的岩浆，随时都想爆发出来。但这时你仍要努力让自己冷静下来。许多因外遇而破裂的家庭，就是因为受害方不冷静而造成的。这种不冷静，男方一般表现在"武力"上，找"第三者"算账，找妻子用拳头出气；女方则表现在"一哭二闹三上吊"上。这些撕破脸皮的做法，如同破罐子破摔。

2. 查找原因

是什么原因造成对方有外遇？要试着从自身找原因。是不是自己忽视了他（她）？是不是他（她）只是一时糊涂？如果自身有原因，就要主动改正自己的缺点。

3. 耐心劝导

用最真挚的感情，最善意的规劝，回忆甜蜜的过去，展望美好的未来。用豁达大度与通情达理去呼唤那只迷途的羔羊。

如果自己劝导不成，也可找值得信赖的长辈、亲戚、朋友，让他们给你提供意见，但注意一定要找值得信赖的人，不要随便同三姑六婆似的朋友诉苦，他们在无意之中可能将你家的问题传播开，以致弄得四邻皆知，不但不能给你任何帮助，反倒给你增加一层来自社会的压力。因此，应避免无谓的诉苦或说气话方式发泄。找可信赖的人共同商议解决问题的办法，才是良策。

最后，如果一切努力都没有多大效果，对方仍一意孤行，那么只能选择分手。这时，一定要记住好聚好散。也许，美好的人生会在不远处等待你。

妻子"红杏出墙"的征兆

妻子"红杏出墙"，是一个男人心中最大的耻辱与悲哀。有的丈夫对妻子已经移情别恋毫无察觉，甚至一直戴着绿帽子而不自知。其实，作为丈夫，是完全可以从一些细微的变化中洞察妻子的婚外恋情的，这些迹象的发生是有阶段的，只要丈夫认真观察，就能发现征兆。

第一阶段：妻子抱怨丈夫对她关心不够

有时由于丈夫工作繁忙，疏于同妻子交流感情，使妻子抱怨丈夫对她的关心不够，双方时常发生争执。

第二阶段：双方弥补感情成效甚微，妻子丧失希望

夫妻之间发生争执后，双方会共同寻求弥补裂痕的努力，但由于丈夫还是扑在工作上，使妻子对他失望。

第三阶段：丈夫继续忽视妻子，妻子注意新的男人

由于妻子的失望，妻子不再与丈夫争吵，而丈夫以为这是情感渡过了危机，还是继续投入到工作中。而妻子则扩大交际面，结识新的男性。

第四阶段：妻子背着丈夫偷情

妻子开始与新的男人发生婚外情，多次幽会，她虽有罪恶感，但颇觉刺激，并认为情感上有了慰藉，但这时丈夫只觉得妻子举动异常，并没有怀疑妻子不忠。

第五阶段：丈夫开始猜疑，妻子无所适从

当妻子的婚外情愈演愈烈时，丈夫开始逐渐对妻子产生猜疑，妻子在这种由双重角色所产生的矛盾中逐渐感到无所适从。

第六阶段：丈夫掌握证据，妻子竭力解释

随着时间的推移，纸里包不住火，妻子婚外情终于被丈夫掌握证据，妻子由于觉得对不住丈夫，会竭力辩解，而丈夫却因这些辩解而更加生气，怒火中烧，两人情感裂痕加深。

妻子"红杏出墙"，基本上由这 6 个阶段构成，当然也有少数是呈跳跃式发展的。明智的男人，在这些征兆刚刚呈现时，会及时和妻子沟通，将两人的矛盾努力化解，将婚外情消灭在种子阶段或萌芽状态。

丈夫外遇的信号

"妻子是别人的好"，"家花不如野花香"，因此有些男人都有"不采野花，活着白搭"的戏言。其实，很多不幸的婚姻就是由这种心态促成的。所以，及早捕捉丈夫的婚外情信号，对聪明警觉的妻子不啻一个考验。

1. 外表的变化

丈夫是否在一段时间内特别注意自己的外表，每天都修面，喷香水，打摩丝，而且喜欢买新衣服、新领带。

2. 不在家的时间多起来

有一段时间经常加班、出差、应酬，经常晚回家，又不与妻子交流感情，却急于打听妻子的作息表，这是在安排与情人约会的时间。

3. **陌生电话**

家里经常有奇怪的电话，你去接时就不出声或打错了，丈夫接时就很明显地变了脸色。丈夫有时会避开你打电话，或在你进屋后马上挂断电话，很不自然。

4. **性格变化**

丈夫突然对自己横挑鼻子竖挑眼，十分冷淡、严厉。

5. **活动增加**

经常对你说出去参加聚会、游泳、打球，又不带你同去。

6. **开销突然增大**

在近一段时间里，如果丈夫花销突然增大，说明要注意了。因为吃晚餐、喝咖啡、买服装等等，这些都是需要花费的。

7. **有间接的证据**

衣领上有口红印或衣服上有长发，身上有莫名的香味，被朋友看到跟陌生妇女亲热等。

上述征兆若连续或同时出现，则表明丈夫可能有婚外情，应防微杜渐，及时采取对策。

破解相爱容易相处难的困惑

这个世界上恐怕没有谁是为了仇恨而相爱，为了离婚而结婚的，但是，走入围城的男男女女们总是会发出"相爱容易相处难"的感叹。有时，家似乎变成了一个没有硝烟的战场，夫妻如对垒的两军。身处尴尬的围城当中，你选择留守还是突围？

小凤是一位普通的中年女人，她所遇到的问题在社会上相当

普遍，听听她的故事，我们或许能有更多的体会。

　　小凤在国企上班，丈夫是国家机关的副局长，算是既有权又有钱。最近几年，丈夫开始变化，经常找借口很晚才回家，夫妻之间能谈的话越来越少。后来，听朋友说她丈夫在外面有了情人，她自己也曾在商场看到丈夫和别的女人亲密的样子，她质问丈夫，可他一口否认，说她是没事找事，自寻烦恼。以后他们之间的交流更多的是在吵闹中进行的，丈夫甚至说："你有本事也去找相好的，我不干涉，你也不用管我。"她真的没想到同甘共苦近20年的夫妻，日子刚刚好过了就要面对丈夫的移情别恋，她不知该怎么办。如果离婚，没有自己的房子可以住，女儿要高考，怕情绪受影响，再说，明明是他的过错，为什么自己要承担离婚后的经济压力？有20年的感情基础，她仍寄希望于他回心转意，家庭稳定；但是如果不离婚，心理和感情上又不能接受，她说她的仇恨在增长，两人见面，不是视而不见，就是冷嘲热讽，有时她觉得如果丈夫出了意外而死掉她都不会伤心。对她来讲，婚姻更多的是一种生存需要，她无法放弃，忍耐已成为一种习惯。

　　生活中还有很多像小凤这样的人为了房子、孩子等实际问题，宁可心碎，也不舍得家庭破碎，守着徒有虚名的婚姻，在争斗和吵闹中度日。

　　有的女人不愿意"只共苦，不同甘"，不服气离婚后将丈夫这个"成熟的桃子"便宜了别人，便努力降低对丈夫的期望值，重新对待自己的生活，等他迷途知返的一天；有的女人以其人之道还治其人之身，丈夫怎么做，她也怎么做，婚姻似乎给了他们彼此伤害的权利；有的女人对前途有信心，坚决不能忍受背叛的感情，重新选择生活……

或许，只有到结束的时候，人们才会去回味、反思，面对婚姻、感情、生活、房子、孩子、金钱等问题，虽然人都会有各自的考虑和选择，但种种不幸并不完全是由生活开始变得相对富裕而带来的，更大的原因是人们还没有学会在日子越来越好之后如何心平气和地面对感情和婚姻。

　　在生活走向富裕的旅途中，确实有"钱多了，情淡了"的情况，更重要的是，现代婚姻观念里人们强调更多的是感情质量，是两情相悦，这使爱情和婚姻在开放的、多变的社会中多了变数，增加的未知性和不安定性是以往的阶段所不能比拟的，"感情基础"已不仅只用时间来衡量，而有了更多的精神内容，要不要负着承诺在婚姻的这条船上同舟共济，许多人正面临选择。

　　有人曾把婚姻分为四种：可恶的婚姻、可忍的婚姻、可过的婚姻和可意的婚姻。第一种因为其质量的低劣让人忍无可忍，肯定是要解散的，而最后一种则是一种理想，我们常用一个词来形容：神仙眷属。但这种婚姻就像一见钟情的爱情，可遇而不可求。我们的婚姻，大多是可忍或可过。它当然是不完美的，有缺陷的，让人心酸而无奈的，继续下去不甘心，放弃又有太多的牵绊。它是我们心头的一根刺，隐隐地痛着，又拔不去。

　　放弃可恶的婚姻能轻易为自己找到足够的理由，并因此获得勇气。但放弃可过、可忍的婚姻，则需要一点破釜沉舟的果断，当然，还要有一些赌徒的冒险精神——谁知道，这是给自己一个机会，还是把自己逼向更危险的悬崖？许多离了数次婚又结了数次婚的人，还是没有寻找到他们理想的生活，这样的局面让他们沮丧，甚至没有再试一次的勇气。

　　据说，现在上海的某些离婚者不需要什么理由了，如果非得

给自己找理由，那或许是：我们在一起，没有感觉。这是一种非常暧昧的说法，也许，在我们看来，他们的婚姻至少是风平浪静的，是可以心平气和过下去的，但当事人却觉得快窒息了，要逃离出来。据说他们是一群完美主义者，他们在寻找一种理想的婚姻状态，他们采取的是一种置之死地而后生的做法：先断掉自己所有的退路，然后去找一条通向幸福的捷径。

但选择婚姻就像是射箭，无论你感觉自己瞄得有多准，在箭出去之后，它能否正中靶心，谁也不敢肯定——如果当时起了一阵微风，或者箭本身有些小故障，总之，一些不可预知的小意外，常常令结果扑朔迷离。婚姻也充满了意外，我相信大多数男女在互赠钻戒的那一刻，心中一定欣喜不已，以为自己的婚姻肯定会是圆满的。但后来，他可能变心了，她可能失去了如玉的容颜，某人失业了，某人性格变恶劣了，这些在结婚前没有预想过的意外，一样样地凸显出来，让人措手不及。

其实，婚姻是一种有缺陷的生活，完美无缺的婚姻只存在于恋爱时的遐想里，当然，那些婚姻屡败者也许还固守着这个残破的理想。上帝总有些苛刻，或者说公平，他不会把所有的幸运和幸福降在一个人身上，有爱情的不一定有金钱，有金钱的不一定有快乐，有快乐的不一定有健康，有健康的不一定有激情。向往和追求美满精致的婚姻，就像希望花园里的玫瑰全在一个清晨怒放，那是跟自己过不去。

破坏婚姻也许不如建设婚姻。许多被大家看好的婚姻因为当事人的漫不经心、吹毛求疵、急不可耐可能很快就被破坏了；而那些在众人眼里，粗陋不堪的婚姻，因为两个人用心、细致、锲而不舍地经营，就如一棵纤弱的树，后来居然能枝繁叶茂，郁郁葱葱。可忍或可过的婚姻大抵也是如此，当事人稍一怠慢，它可能很快就会枯萎、凋零，而双方用一种更积极的心态去修补、保养、维护，也许奇迹就会发生。

试离婚，也是解决问题的较好方法

没有人是为了伤害对方而恋爱，也没有人是为了离婚而结婚。然而，当一切努力都于事无补，婚姻已经千疮百孔的时候，也许放手是最好的选择。给自己一条生路，也给对方一条生路。

伴随着新《婚姻法》的实行，结婚、离婚程序简单化，只要当事双方同意，三分钟就可以将离婚搞定。南京一对小夫妻感情不和，决定分手。但是他们没有冲动地去民政部门或者上法院办理离婚手续，而是选择了另外一种方式：试离婚。在经历了一段时间的试离婚日子后，平静下来的夫妻两人同时发现，在他们彼此心里，对方还是像从前一样重要。重归于好后，离婚的事情便不了了之……

有人学习商家免费试用的促销手段，用"试婚"来保障婚姻的质量。"试离婚"也就随着这个潮流应运而生。全国妇联婚姻与家庭专家陈新欣提出："试离婚"是在新的《婚姻法》实施以后，结婚、离婚的手续都比以前简单的前提下，缓解家庭婚姻危机的好办法。离婚前，冷静地对婚姻进行反思，对他或她进行再认识。给婚姻一个缓冲期，再决定是离还是不离。经过冷静思考以后，再做出正确、理智的选择也不迟。婚姻，要讲究效率，更需要深思熟虑。"试离婚"是一种理智、成熟和慎重的婚姻观，值得提倡。

据媒体报道，南京的这对小夫妻的争吵其实并没有太大的矛盾，更多的原因是在一起耳鬓厮磨近三年后，生活中难以避免的平淡。丈夫走时只带走了自己的一些日常用品，因为说好了是试离婚。"说实话期待这一天很久了……"丈夫在接受媒体采访时毫不隐瞒自己的真实感受。而妻子终于等到了自己向往已久完全自主单身的生活。"分开的最初几天，我们两个各自疯狂地享受着久违了的单身贵族的生活：下班后可以尽情逛街一直到深夜；和朋友喝'大酒'喝到天亮都不用担心回家后要面对的指责……'感觉真的太棒了！'"

这种自由、刺激的单身生活对于这对小夫妻来说似乎结束得有些早，"并不是因为对方给了自己什么样的压力，那种不安是从自己心里涌上来的"。夫妻两个在分开的第二个星期就同时有了这样的感受，并开始牵挂和惦记对方："煤气罐该换了，也不知她知道不知道客厅第一个抽屉里就有换气的电话；她应该不会又把钥匙锁到屋里了吧………""天冷了，也不知道他自己有没有添衣服，走的时候连刮胡刀都没带……"重归于好之后，两个人相约，万一下次再有矛盾千万不能一时冲动到民政局或者法院，还是采取"试离婚"比较妥当！

像南京的这对小夫妻一样，全国各地许多媒体都纷纷报道了夫妻间"试离婚"的事件。北京的一对夫妻就在两人发生矛盾后理智地尝试了"试离婚"。妻子小媛是一家企业的会计，丈夫在一家保险公司工作。结婚四年夫妻两个始终恩爱如初，让许多朋友们羡慕不已，但是他们之间却有一个始终存在的矛盾，就是孩子的问题。小媛的丈夫作为家里的独子，一直希望两个人能有一个孩子，而小媛却觉得自己没有能力或者没有足够的信心去要个孩子，就这样一直拖了四年。看着丈夫拉着箱子远去的身影，小媛的心里很难受，但是她却始终没有给丈夫一个承诺。两个月的分居生活让小媛在伴随着对丈夫思念的同时彻底瓦解了永远不要孩子的思想，而就在她想通了要给丈夫打个电话时，丈夫也已经痛下决心，为了爱妻，不要孩子……重逢其实就在自己的家里，小媛说，分开之后他才觉得丈夫在自己心里有多重。只要他高兴，自己就一定会给他生个孩子……"幸好我们没有真的离婚了。"丈夫笑着说。

重庆的一对夫妻的"试离婚"，虽然没有闹到两个人分居的地步，然而在"试离婚"的约定中也明确写着，试离婚后，互不干扰对方生活，互不说话、互不查阅对方短信，不接对方电话，两个人之间形同陌路……但是这种"互不干扰"仅仅持续了不到半个月，两个人终于双双"违规"而重归于好……此外，山东的小夫妻在相约试离婚时，首先表明此决议只有两个人知道，不能告诉第三者；也是山东的一对小夫妻，未等试离婚正式开始，就已经握手言和。

"试离婚"的结果往往是圆满的，只有少数人在经历了一段时间的"试离婚"之后还是走上了真正离婚的路——对于他们来说，"试离婚"的意义在于他们终于明白两人在一起的确不合适。

无论"试离婚"的结果如何，当事双方都会出现这些感受：双方没有像某些行将离婚的双方一样反目成仇。因此，在家庭和夫妻间出现矛盾时，"试离婚"可以说是一个解决问题的较好方法。

第五章　化解内外情感的困惑

刚离婚，别急着找对象

离婚对于成年人来说，有点类似童年时经历过的分离焦虑。小宝宝在跟母亲暂时分别时，内心会体验到一种不被保护、不安全的焦虑和恐慌感。所以，一定要看到妈妈在附近，才会安下心来玩。当长期生活在一起，彼此像亲人一样生活的夫妻，突然要面临离婚时，同样有这样一个不适应和不安全的焦虑期。

由于猜忌丈夫有婚外恋，而丈夫又不承认，30 岁的小雯与丈夫结束了蹩脚的婚姻。在离婚不满两个月的时候，一个 40 多岁的男人对她产生了好感，并对其发起了强大的爱情攻势，小雯冰冷的心再次复苏，她再一次走向了结婚的殿堂。然而，这一次婚姻并没有维持多久，小雯又再次成了单身。

很多刚离婚的人会有这种感觉，一个人独处的时候感觉恐惧，害怕面对别人异样的目光，总觉得马上找个伴心里才会舒坦。其实，作为成年人，如果还没有承受孤独、面对和反省自我问题的能力，还是先别急匆匆地找对象。

人的深层情感模式决定着人在情感生活里所有的表现。离婚就代表着你的情感已经生病了，如果还是有病不求医，不对自己处理情感问题的方法进行必要的调整和学习，而是带着所有的硬伤匆忙走入下一段情感，势必会造成"习惯性的情感翻船"。现实中我们常常会遇到这样的例子，为了逃避孤独，解决分离性焦虑，离婚后匆忙找一个人再婚，之后接连离婚，最后导致个人情感世界发生癌变，彻底不相信真爱。这其实是自己的不良思维方式导致的。

深度心理学有个概念叫"情感暗礁"。婚姻失败就代表人遇到了一块巨大的暗礁。此时，你需要停下来，好好探测一下暗礁所在的位置：静下心来想一想自己童年时父母的带养方式（一般隔代抚养更会造成安全感欠缺的问题），父母对自己的态度是温柔民主，还是粗暴武断（遭受过情感暴力的人更倾向于以矛盾的方式处理情感，并更加焦虑；而逃避型父母养育的子女更容易逃避情感），自己在情感上是否过分依赖对方，等等。拿吕雯的例子来讲，她可以清点一下自己是否喜欢感情用事、有冲动型情绪障碍；在婚姻当中，是否总是没有安全感、过分猜忌，又不善于倾听等。只有当她从自己的角度弄清婚姻失败的原因，并找到自我成长的技巧之后，她才能真正成长起来。当她为了逃避孤独而匆忙去找个伴，甚至介入别人的家庭时，只是心理上的一种强迫性重复，已经注定了失败的结局。

所以，离婚的朋友千万不要在还没有排除掉情感暗礁的情况下，就贸然走入下一段感情。不妨趁这个时间享受一下一个人的时光，还可以寻求心理医生的帮助，潜心学习并提高沟通情感的能力和技巧。同时，要勇敢面对现实，并且相信真爱。其实，爱就存在于每个人的心中，只要心中有爱，并有了给予爱的能力，再去寻找合适的另一半也并不迟。

第五章 化解内外情感的困惑

第六章 人生有时要"接受你所不能改变的"

在你努力"改变你所不能接受的"时，别忘了"接受你所不能改变的"。人生不过百年，过于执着在一定的前提下无异于虚掷光阴、浪费力气。

哲学家叔本华提醒世人说："一种适当的认命，是人生旅程中最重要的准备。"我们提倡人的奋进与不屈精神，但绝不鼓励人盲目地与命运抗争。

接受你所不能改变的。如果努力过了，奋斗过了，争取过了，即使失败我们也没有必要感到遗憾与悲伤，因为一切都已经无法改变，一切努力与悲伤都于事无补。有时候，我们需要认命，需要放弃。

身处困局，人要"改变你所不能接受的"，同时，也要"接受你所不能改变的"。这不是什么文字游戏，而是两句非常具有哲理的睿智之语。

学会面对生活中的不幸

德国哲学家叔本华认为：人生中许多灾难和意外，都是我们意志所种下的种子，经过一段时间的酝酿而形成的。而决定命运的种子，就是每个人的"决定"。

前面我们已经说过，命运往往掌握在我们自己手里，因此即使是一些微不足道的小决定，也会导致严重的后果，而一些小决定累积起来，也会影响大决定的成败。

从前有一个人提着网去打鱼，不巧下起了大雨，他一赌气将网撕破了。网撕破了还不够，他又因气恼一头栽进了池塘，再也没有爬上来。

这个故事告诉我们下雨天不能打鱼，等天晴就是了。不要让一场雨下进心里，不要让一口怨气久久不能蒸发，从而输掉青春、爱情、可能的辉煌和一伸手就能摘到的幸福。

人们在生活中常常会遇到一些这样或那样幸与不幸的遭遇，要接触各种各样的机缘，要经历种种的坎坷与风雨，这些都是人在自己人生的航程路线上必不可少的风景。如果一个人天生就生活在一个优越而又无忧无虑的家庭，他的未来早已被他的家人安排、设计好了，而且家人还为他的人生铺好了一条阳光般的道路让他能够顺顺利利地去走。可以说他的人生根本不需要自己操心，不需要自己去闯，更不需要他的翅膀来承担生活的重担。但这样一个所谓"含着金砖"出世的人，他能体味到人生的滋味吗？他能有人世间真正的幸福吗？人生真正的幸福莫过于用自己的力量取得成功所换来的喜悦。人生的祸福让人难以预料，假若有一天，他将独自面对这个社会，面对自己的人生，他恐怕无法承载生活给予他的沉重压力。

　　生活对每个人都是平等的，不会对谁有任何的厚待与眷顾。人生，是在无数的琐琐碎碎、无数个小小的甜蜜、小小的失落中告别过去，迎接未来的。

　　不要幻想生活总是那么圆满，也不要幻想生活在四季中享受所有的春天，每个人的一生都注定要跋涉沟沟坎坎，品尝苦涩与无奈，经历挫折与失意。我们要学会面对生活中的不幸。

　　生活中的不幸，是人生不可避免的，而这些不幸，早晚都会过去，时间会冲淡痛苦的感觉，"这没有什么了不起的"，自己在心中重复几次，绝不能因为不幸的打击，就变得憔悴万分，而应该告别痛苦，振作起来，干你自己应该干的事情。

　　有一个人，他的性情并不很开朗，但他对待事情从不见有焦躁紧张的时候，这并不是他好运亨通。细细观察体会，会发现他有一些与众不同的反应方式，比如，他被小偷扒走了钱包，发现后叹息一声，转身便会问起丢失的身份证、工作证、月票补办的方法。一次，他去参加电视台的知识大赛，闯过预赛、初赛，进入复赛，正洋洋得意，不料，却收到了复赛被淘汰的通知书。他发了几句牢骚，中午，却兴致勃勃地又拜师学起桥牌来。这些，反映出他的一种很本能的思维方式，那就是承认事实。事实一旦来临，不管它多么有悖于心愿，但这毕竟是事实。大部分人的心理会在此时被动反抗，但豁达者，他的兴奋点会迅速地绕过这种无益的心理冲突区，马上转到下边该做什么的思路上去了。事后，也的确会发现，发生的不可再改变，不如做些弥补的事情后立刻转向，而不让这些事在情绪的波纹中扩大它的阴影。这堪称一种最大的心理力量。

这也恰似哲人所言："所谓幸福的人，是只记得自己一生中满足之处的人；而所谓不幸的人，是只记得与此相反的内容的人。"每个人的满足与不满足，并没有太多的区别差异，而幸福与不幸福相差的程度，却会相当巨大。

不要为小事烦恼

我们生活的每一天并不会时时受那些不完美的缺憾的困扰，但一定会经常因一些繁琐的小事而影响了心情。有一个人正准备享用一杯香浓的咖啡，餐桌上放满了咖啡壶、咖啡杯和糖，忽然一只苍蝇飞进房间，嗡嗡作响直往糖上飞，顿时这个人的好心境全无，他烦躁无比，起身就用各种工具追打苍蝇，于是片刻之间将房间里弄得乱七八糟，桌子翻了、壶洒了、杯碎了、咖啡汁遍地皆是，而最后苍蝇还是悠闲地从窗口逃走了。

我们活着的每一天，可能有很多人遇到过类似的情景，让一点小事而影响了原本极为美妙的享受，瞬间快乐无存。然而人生短暂，记住千万不要浪费时间，去为小事而烦恼。一个人会觉得烦恼，是因为他有时间烦恼。一个人为小事烦恼，是因为他还没有大烦恼。

世事繁杂，生活中遇到不如意的事是常事。从伟人到芸芸众生，无不皆然。算起来生活中哪一天没有不顺心的事？工作不如意、同事间的误会、钱不够花等，把自己陷在这些烦恼中，即使晴天丽日也会觉得天气不好。

1945年3月，一名美国青年罗勃·摩尔在中南半岛附近海下84米深的潜水艇里，学到了一生中最重要的一课。

当时摩尔所在的潜水艇从雷达上发现一支日军舰队朝他们开来，他们发射了几枚鱼雷，但没有击中任何一艘舰。这个时候，日军发现了他们，一艘布雷舰直朝他们开来。3分钟后，天崩地裂，6枚深水炸弹在四周炸开，把他们直压到海底84米深的地方。深水炸弹不停地投下，整整持续了15个小时。其中，有十几枚炸弹就在离他们15米左右的地方爆炸。倘若再近一点的话，潜艇就会炸出一个洞来。

摩尔和所有的士兵一样都奉命静躺在自己的床上，保持镇定。当时的摩尔吓得不知如何呼吸，他不停地对自己说：这下死定了……潜水艇内的温度达到摄氏20度，可是他却怕得全身发冷，一阵阵冒虚汗。15个小时后，攻击停止了。显然是那艘布雷舰在用光了所有的炸弹后开走了。

摩尔感觉这15个小时好像有15年。他过去的生活一一浮现在眼前，那些曾经让他烦忧过的无聊小事更是记得特别清晰——没钱买房子，没钱买汽车，没钱给妻子买好衣服，还有为了点芝麻大的小事和妻子吵架，还有为额头上一个小疤发愁……

可是，这些令人发愁的事，在深水炸弹威胁生命时，显得那么荒谬、渺小。摩尔对自己发誓，如果他还有机会再看到太阳和星星的话，他永远不会再为这些小事忧愁了！

这是经过大灾大难后才悟出的人生箴言！英国著名作家迪斯累利曾精辟地指出："为小事而生气的人，生命是短促的。"的确，如果让微不足道的小事时常吞噬我们的心灵，这种不愉快的感觉

会让人可怜地度过一生。

有一位年过35岁、拥有两家业务蒸蒸日上的公司的女总经理，她有光滑的脸庞、朴实的穿着、开朗的微笑和温柔的语调，如果不谈公事，她看来顶多像刚入社会的新鲜人。她总是开开心心的，不只是大家愿意和她相处，做生意时也会觉得和她合作很愉快。所以，她的生意越做越好。

有人问她："如何青春永驻？"

问的人大约只有几岁，在她的心目里，35岁已经很老很老了。

这位总经理回答："我不知道，大概是因为我没有烦恼吧！从前年轻的时候，常常为鸡毛蒜皮的事烦恼得不得了，连男朋友对我说：喂！你怎么长了颗青春痘？我都会烦恼得睡不着觉，心想：他讲这句话的意思是不是他不爱我了？这种情况直到我大哥去世。

"我大哥从小就是个有为的青年，二十多岁就开始创业。他车祸去世前几天，正为公司少了一笔十万元的账烦恼，我大哥一向不爱看账本，那个月他忽然把会计账本拿出来瞧。管会计的人是他的合伙人，因为这一笔账去路不明，他开始怀疑两个人多年来的合作是否都有被吃账的问题。我嫂嫂说：他开始睡不着觉，睡不着就开始喝酒，喝酒后就变得烦躁，越烦躁越喝酒，有天晚上应酬后开车回家，发生了车祸，他就走了……他走了之后，我嫂嫂处理他的后事时发现，他的合伙人只不过把这个公司的十万元挪到那个公司用，不久又挪回来了。没想到我哥为了这笔钱，烦了那么久……

"从我大哥身上我明白了：不要创造烦恼，不要自找麻烦，就以最单纯的态度去应付事情本来的样子。这也许是我不太会长皱纹的原因吧！"

也许我们从这位女经理身上可以感悟到：每个人的周围一定有看起来像"烦恼制造机"的人，他们总在为不可能发生的事、不足挂齿的小事、事不关己的事所烦恼，在日积月累的烦恼中，他们对别人一个无意的眼神、一句无心的话都有了疑心病，仿佛在努力地防卫病毒入侵，也防卫了快乐的可能。

在美国科罗拉多州一座山的山坡上，有一棵大树，岁月不曾使它枯萎，闪电不曾将它击倒，狂风暴雨不曾将它动摇，但最后却被一群小甲虫的持续咬噬给毁掉了。在现实生活中，我们不会被大石头绊倒，却会因小石子摔倒。伏尔泰曾一针见血地指出："使人疲惫的不是远方的高山，而是鞋子里的一粒沙子。"生活中常常困扰你的，不是那些巨大的挑战，而是一些琐碎的事。虽然这些事微不足道，却能无休止地消耗你的精力。其实，反正时间一分一秒在走，难过也是一天，快乐也是一天。你的今天要怎么过，你就能让它怎么过。所以，人生要想得到快乐，就要学会随时倒出那烦人的"小沙子"。

困境中也要乐观地对待生活

人在顺境之中，可以乐观、愉快地生活；人在困境中，也能乐观、愉快地生活吗？有的人能做到，有的人就不能。

宋代有位高僧，法号叫靓禅师。一次，靓禅师去施主家做佛事，路过一条小溪，因前夜天降暴雨，溪水顿涨，加之靓禅师身体胖重，因而陷于溪流之中。他的徒弟连拖带拽，将其背到岸上。靓禅师

坐在乱石间，垂头如雨中鹤。不一会儿，他忽然大笑，指溪作诗曰：

春天一夜雨滂沱，添得溪流意气多；

刚把山僧推倒却，不知到海后如何？

靓禅师在如此倒霉、尴尬的情况下，尚能开怀吟诗，如果没有乐观的生活态度，他做得到吗？

要想在困境中达观、愉快，除了加强修养、坚定意志外，一个重要的方法，就是换一个角度，站在另一个立场去看待自己所遇到的不幸，设法从中得到快乐。靓禅师陷于溪流之中，一般人认为他会垂头丧气，自认倒霉而恨恨不已。而靓禅师偏不这样，而是以一种藐视的态度与溪水对话，在对话的过程中，宽释了心怀，得到了乐趣，变烦恼为大笑，这是何等宽大的胸怀啊！

你能像靓禅师那样乐观地对待生活吗？如果不能，你应该转变一下观念，记住：

你改变不了环境，但你可以改变自己；

你改变不了事实，但你可以改变态度；

你改变不了过去，但你可以改变现实；

你不能控制他人，但你可以掌握自己；

你不能预知明天，但你可以把握今天；

你不能样样顺利，但你可以事事尽心；

你不能左右天气，但你可以改变心情；

你不能选择容貌，但你可以展现笑容；

你不能决定生死，但你可以提高生命质量。

"数数你拥有的幸福，"心理咨询师说，"这个练习可以让我们重新发现生命的美好。"

那位先生听了，竟当面哭了起来，他告诉咨询师："我钱没了，老婆也跑了，我已一无所有，又哪来的幸福？"

咨询师柔声问道："怎么会呢？你一定看得见吧？"

"当然！"他不解地抬起头来。

咨询师说："很好！所以你还有眼睛嘛！你也还听得见，也能说话。还有从这些遭遇中，你有没有得到一些经验？"

"有。"

"所以，你怎么能说你一无所有呢？"

如果你心情沮丧，你可以常问问自己：有没有一个健全的身体？有没有关心我们的父母或伴侣？有没有爱我们且需要我们的孩子？有没有未来的期待——一个假期，还是一个聚会？一次等待的邀约？一个期待的梦想？

不要为自己没有的悲伤，要为自己拥有的欢喜。多做"数数我们拥有的幸福"这个练习，就能让心情飞扬起来。

学会"放弃"，另辟蹊径

"锲而不舍，金石可镂。"这是古人留下的一句著名的治学格言，也是为世人推崇的成才之道。

其实，苦学不辍，持之以恒，只是一个人成才的条件之一，而其他条件，譬如机遇、天赋、爱好、悟性、体质诸项也是缺一不可的。如果你研究某一学问、学习某一技术或从事某一事业确实条件太差，而经过相当的努力仍不见效，那就不妨学会"放弃"，以求另辟蹊径。

比如学弹钢琴，据统计，北京、上海各有 10 万名琴童，全国有多少，不得而知，估计不会少于 100 万人吧！要是光弹着玩玩倒也罢了，可是实际上许多家庭都是认认真真把孩子当个钢琴家来培养的。很多夫妇自认为"这一辈子就这样了"，孩子无论如何也要成就一番事业，于是省吃俭用，给孩子置办了一架进口钢琴，立志要培养出一个中国的"肖邦"、"李斯特"。再如高考，一年一度高考风起云涌，一番拼搏，分出高下，几家欢喜几家愁。受教育资源限制，不论你如何"锲而不舍"，使尽浑身解数，录取率就决定了必然要有近一半的考生自愿或不自愿地"放弃"上大学的愿望。如果差距不大，偶尔失手，自然不妨厉兵秣马，来年再战；倘若成绩实在差距太大，再考几次也难有多大提高，那就应当机立断，学会"放弃"。有道是"成才自有千条道，何必都挤独木桥"，世界首富比尔·盖茨就没上过大学，大发明家爱迪生不过才小学毕业，照样不耽误人家成名成家，你又何必一条道走到黑呢？或许，你只退这么一步，便会海阔天空。

人生苦短，韶华难留。选准目标，就要锲而不舍，以求"金石可镂"。但若目标不适，或主客观条件不允许，与其蹉跎岁月，师老无功，就不如学会放弃，"见异思迁"。如此，才有可能柳暗花明，再展宏图。班超投笔从戎，鲁迅弃医学文，都是"改换门庭"后而大放异彩的楷模。可见，如果能审时度势，扬长避短，把握时机，放弃，既是一种理性的表现，也不失为一种豁达之举。

生活在五彩缤纷、充满诱惑的世界里，每一个心智正常的人，都会有理想、憧憬和追求。否则，他便会胸无大志，自甘平庸，无所建树。然而，历史和现实生活告诉我们：必须学会放弃！

果断放弃无意义的固执

什么是"无意义的固执"？即顽固坚持已经毫无前景的目标而不思改变。当你确定了目标以后，下一步便是鉴定自己的目标，或者说鉴定自己所希望达到的领域。如果你决心做一下改变，就必须考虑到改变后是什么样子；如果你决定解决某一问题，就必须考虑到解决过程中可能遇到的困难是什么。实在不行，一定要果断地放弃无意义的固执。.

当描述了理想的目标以后，你必须研究一下达到新目标所需的时间、财力、人力的花费是多少，你的选择、途径和方法只有经过检验，方能估量出目标的现实性。

华裔科学家、诺贝尔奖获得者杨振宁和崔琦的成功，也是因为他们勇于放弃。杨振宁于 1943 年赴美留学，受"物理学的本质是一门实验科学，没有科学实验，就没有科学理论"观念的影响，他立志搞一篇实验物理论文。于是，由费米教授安排，他跟有"美国氢弹之父"之誉的泰勒博士做理论研究，并成为艾里逊教授的6 名研究生之一。在实验室工作的近 20 个月中，杨振宁成为艾里逊实验室流行的一则笑话的主人公："凡是有爆炸（出事故）的地方，就一定有杨振宁！"杨振宁不得不正视自己的动手能力比别人差！

在泰勒博士的关怀下，经过激烈的思想交锋，杨振宁放弃了写实验论文的打算，毅然把主攻方向调整到理论物理研究上，从而踏上了物理界一代杰出理论大师之路。假如他一条道走到黑，

第六章 人生有时要"接受你所不能改变的"

恐怕"杨振宁"至今还是一个寂寂无名的符号。

成功者的秘诀是要善于随时审视自己的选择是否有偏差，合理地调整目标，放弃无谓的固执，轻松地走向成功。

从前有两个年轻人，一个叫小山，一个叫小水，他们住在同一村庄，成为最要好的朋友。由于居住在偏远的乡村谋生不易，他们就相约到外地去做生意，于是同时把田地变卖，带着所有的财产和驴子远行了。

他们首先抵达一个生产麻布的地方。小水对小山说："在我们的故乡，麻布是很值钱的东西，我们把所有的钱换取麻布，带回故乡，一定会有利润的。"小山同意了，两人买了麻布细心地捆绑在驴子背上。

接着，他们到达了一个盛产毛皮的地方，那里也正好缺少麻布，小水就对小山说："毛皮在我们故乡是更值钱的东西，我们把麻布卖了，换成毛皮，这样不但我们的本钱回收了，返乡后还有很高的利润！"

小山说："不了，我的麻布已经很安稳地捆在驴背上，要搬下来多麻烦呀！"

小水把麻布全换成毛皮，还多了一笔钱。小山依然有一驴背的麻布。

他们继续前进到一个生产药材的地方，那里天气寒冷，正缺少毛皮和麻布，小水就对小山说："药材在我们故乡是更值钱的东西，你把麻布卖了，我把毛皮卖了，换成药材带回故乡一定能赚大钱的。"

小山拍拍驴背上的麻布说："不了，我的麻布已经很安稳在驴背上，何况已经走了那么长的路，卸下装上太麻烦了！"小水把毛皮都换成了药材，还赚了一笔钱。小山依然只有一驴背的麻布。

后来，他们来到一个盛产黄金的矿区，那充满金矿的地区是个不毛之地，采金者非常欠缺药材，当然也缺少麻布。小水对小山说："在这里药材和麻布的价钱很高，黄金很便宜，我们故乡的黄金却十分昂贵，我们把药材和麻布换成黄金，这一辈子就不愁吃穿了。"

小山再次拒绝了："不！不！我的麻布在驴背上很稳妥，我不想变来变去呀。"小水卖了药材，换成黄金，又赚了一笔钱，而小山依然守着一驴背的麻布。最后，他们回到了故乡，小山卖了麻布，只得到蝇头小利，和他辛苦的远行不成比例。而小水把黄金卖了，不但带回一大笔财富，还成为当地最大的富豪。谁能让思维变得更及时更快，谁就能赢得精彩；那些固守死理、一成不变的人，则只能永远平庸无所建树。

坚持虽是一种良好的品性，但在有些事上，过度的固执己见，会导致更大的浪费。

历史上的永动机，曾使很多人投入了毕生的精力，浪费了大量的人力物力。因此，在没有胜算把握和科学依据的前提下，应该见好就收，知难而退。

诺贝尔奖得主莱纳斯·波林说："一个好的研究者应该知道发挥哪些构想，而哪些构想应该丢弃，否则，会浪费很多时间在毫无用处的构想上。"有些事情，你虽然用了很大的努力，但你迟早要发现自己处于一个进退两难的地位，你所走的研究路线也许只是一条死胡同。这时候，最明智的办法就是尽快抽身退出，去研究别的项目，寻找成功的机会。

牛顿早年就是永动机的追随者。在进行了大量的实验之后，他很失望，但很明智地退出了对永动机的研究，在力学中投入更大的精力。最终，许多永动机的研究者默默而终，而牛顿却因摆脱了无谓的研究，而在其他方面脱颖而出。

在人生的每一个关键时刻，审慎地运用智慧，做出正确的判断，选择正确的方向，同时别忘了及时检视选择的角度，适时调整，放弃无谓的固执。冷静地用开放的心胸做正确抉择。每次正确无误的抉择都将指引你走向通往成功的坦途。

放弃也是走向成功的捷径

有人曾问一位成功的企业家成功的秘诀是什么，这位企业家毫不犹豫地回答：第一是坚持，第二是坚持，第三还是坚持。没想到他最后又加了一句：第四是放弃。确实，在一定的条件下，放弃也可能成为走向成功的捷径。条条大路通罗马，东边不亮西边亮。寻找到与自己才能相匹配的新的努力方向，就有可能创造出新的辉煌。

人不应当轻言放弃，因为胜利常常孕育在再坚持一下的努力之中。古时愚公移山，是一种伟大的坚持；当年红军长征也是一种伟大的坚持；科学家的发明创造也是一种伟大的坚持。法国杰出的生物学家巴斯德有句名言："我唯一的力量就是我的坚持精神。"不少人在前进的道路上，本来只要再多努力一些，再忍耐一些，就可以取得成功，但却放弃了，结果与即将到手的成功失之交臂。只有经得起风吹雨打，在各种困难和挫折面前永不放弃的人，才有可能获得成功。但是，在有的情况下，你已经付出了最大的努力，但却未取得理想的结果。这就需要认真考虑一下：如果是自己选定的目标、方向同自己的才能不相匹配，就需要勇敢地选择放弃，寻找另一条出路，没有必要在一棵树上吊死。军事上有"打得赢就打，打不赢就跑"之说，明明知道不是敌人的对手，胜利无望，却硬要鸡蛋往石头上碰，白白去送死，不是太蠢了吗？这时最好的选择就是"打不赢就跑"。这不是怯懦，而是一种有大智慧的勇敢：勇敢地承认自己的选择错了。

当然，敢于放弃并不是毫不在乎，也不是随随便便，而是以平常心对待一切，既要抓住机遇，勤奋努力，又要放弃那些不切实际的幻想和难以实现的目标，做到不急躁、不抱怨、不强求、不悲观。人生在世，不可能没有追求、没有为之奋斗的目标。但是人生如果总是无休止地追求，而不知道放弃，对完全没有实现可能的目标仍然穷追不舍，结果不但会无端地浪费时间和精力，而且会因达不到预想目标而烦恼不堪，痛苦不已。正确的态度是：既要有所追求，又要有所放弃，该得到的得到，心安理得；不该得到的，或得不到的则主动放弃，毫不足惜。学会放弃，你就会告别因求之不得而带来的诸多烦恼和苦闷，就会丢掉那些压得你喘不过气来的沉重包袱，就会轻装前进，就会活得潇洒和滋润。

拿创业来说，放弃对于每一个创业者来说都是件痛苦不堪的事情。然而，在适当的时候放弃是一种成功。因为，适时的放弃能让你腾出精力去做更有意义的事情，能让你避免浪费有限的资金以便"东山再起"。

说放弃令人痛苦不堪，既表现在它犹如割肉般痛苦，还表现在极难把握放弃的时机，掌握这个度是非常困难的。我以为，当你确认现有的资金无法让你支撑到新的资金注入时，应该果断地放弃。如果你一定要坚持到"弹尽粮绝"，那麻烦就会更大，千万别去赌"天上会掉下馅饼"来。当市场发生重大变化使你的核心竞争力大大降低，而你又无法拿出应对措施时，应该放弃，别让自己"死"得太惨，如果那样，也许你连"东山再起"的机会都没了。

因为放不下到手的名利、职务、待遇，有的人整天东奔西跑，荒废了工作也在所不惜；因为放不下诱人的钱财，有的人成天费尽心机，利用各种机会想捞一把，结果却是作茧自缚；因为放不下对权利的占有欲，有的人热衷于溜须拍马、行贿受贿，不怕丢掉人格的尊严，一旦事件败露，后悔莫及……

生命如舟。生命之舟载不动太多的物欲和虚荣，要想使之在抵达理想的彼岸前不在中途搁浅或沉没，就只能轻载，只取需要的东西，把那些可放下的东西果断地放掉。

假如你的脑袋像一个塞满食物的冰箱，你应当盘算什么东西应该丢出去；否则，永远不可能有新的东西放进来。不丢出去，有些东西反而还会在里面慢慢变坏；有些东西，丢了可惜，但放一辈子，也吃不了。所谓的"人生观"，大概就是如何为自己的"冰箱"决定所放东西的去留问题吧！

生活中，每个人都应该学会盘算，学会放弃。盘算之际，有挣扎有犹豫。没有人能够为你决定什么该舍，什么该留。所谓的豁达，也不过是明白自己能正确地处理去留和取舍的问题。丢掉一个并不会对你产生多大影响的东西，你会对自己说，你可以做得比现在更好，还怕找不到更好的？

在工作与生活中，我们每个人时刻都在取与舍中选择，我们又总是渴望着取，渴望着占有，常常忽略了舍，忽略了占有的反面：放弃。

其实，懂得了放弃的真谛，也就理解了"失之东隅，收之桑榆"的奥义。多一点中庸的思想，静观万物，体会像宇宙一样博大的胸襟，我们自然会懂得适时地有所放弃，这正是我们获得内心平衡、获得快乐的秘方。

在电影《卧虎藏龙》里李慕白对师妹曾说过这样一句话："把手握紧，什么都没有，但把手张开就可以拥有一切。"这一取舍的道理谁都知道，可身体力行却是困难的。

其实有时会得到什么、失去什么，我们心里都很清楚，只是觉得每样东西都有它的好处，权衡利弊，哪样都舍不得放手。现实生活中并没有在同一情形下势均力敌的东西，它们总会有差别，因此，你应该选择那个对长远利益更重要的东西。有些东西，你以为这次放弃了，就不会再出现，可当你真的放弃了，你会发现它在日后仍然不断出现，和当初它来到你身边时没有任何不同。所以，那些你在不经意间失去的并不重要的东西，完全可以重新争取回来。

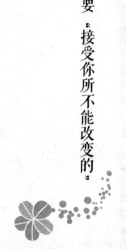

第六章 人生有时要：接受你所不能改变的

第七章 | 容易陷入困局的几种人

一所肮脏的房子，总是容易招来更多的蚊虫。人生的困局，十有八九是自身的缺陷造成的。

一个懒惰成性的人，陷入财务拮据与事业低迷的困局一点也不奇怪，不陷入才让人觉得奇怪；一个有仇必报的人，陷入仇敌林立、神憎鬼厌的困局一点也不让人感到意外，不陷入反倒让人感到意外；一个没有目标的人，他除了原地打转，还能做什么呢？……

人生几十年，想要一帆风顺是一种不可得的奢望。总是会有一些来自外界的、无法规避的困局强加在我们身上。正因为如此，我们更有必要完善自身，尽量让因自身原因而引来的困局少些、更少些。否则，我们一生都只能在困局中消耗精力。

没有目标的人

一个没有目标的人，就像漂浮在海上的一只无舵之船随波逐流，船不是触礁，就是搁浅，或者被卷入漩涡原地打转。浑浑噩噩地生活，是许多人陷入人生困局的原因之一——因为，假如你不知道方向，那么哪一种风对于你来说都是逆风。

在我们的生活中，路标处处可见。每一个路口，每一个街道拐角，路标都在提示着我们，我们到达了哪里，离我们的家、公司、学校还有多远。我们的生活中也不能没有目标。就像小时候玩积木，我们任意地去堆砌，最后什么也搭不好。但是如果我们计划搭什么，就可以很快搭成它。

没有目标，就不可能使生活发生任何实质性的改变，也不可能采取任何步骤。如果一个人没有目标，就只能在人生的旅途上徘徊，永远到达不了目的地。

正如空气对于生命一样，目标对于成功也是绝对必要的。如果没有空气，就没有人能够生存；如果没有目标，也没有任何人能够成功。

大多数人都幻想自己的生命是能够永恒不朽的。他们浪费金钱、时间及心力，从事所谓的"消除紧张情绪"的活动，而不去从事"实现目标"的活动。大多数人每天辛勤工作，一旦赚够了钱，又在周末把它们全部花掉。

维克多·弗兰克尔用事实最贴切地说明了"人不能没有目标地活着"的道理。

第二次世界大战期间，在越南行医的精神医科专家弗兰克尔不幸被俘，后来被投入了纳粹集中营。三年中他所经历的极其可怕的集中营生活，使他悟出了一个道理——人是为寻求意义而活着的。他与他的伙伴们被剥夺了一切——家庭、职业、财产、衣服、健康甚至人格。他不断地观察丧失了一切的人们，同时思索着"人活着的目的"这个老生常谈的话题最透彻的意义。他曾几次险遭毒气和其他惨杀，然而他仍然不懈地客观地观察着、研究着集中营的看守与囚徒双方的行为。据此他完成了《夜与雾》一书。

可以说，弗兰克尔极其真实、有力、生动的论据和论点，对于世界上一切研究人的行为的权威学者来说，都是极有价值的。他的理论是在长期的客观观察中产生的，他观察的对象是那些每日每时都可能面临死亡，即所谓失去生活的人们，在亲身体验的囚徒生活中，他还发觉了弗洛伊德的错误，并且反驳了他。

弗洛伊德说："人只有在健康的时候，态度和行为才千差万别。而当人们争夺食物的时候，他们就露出了动物的本能，所以行为变得几乎无所区别。"而弗兰克尔却说："在集中营中我所见到的人，却完全与之相反。虽然所有的囚徒被抛入完全相同的环境中，有的人消沉颓废下去，有的人却如同圣人一般越站越高。"他还从实际中悟到，"当一个人确信自己存在的价值时，什么样的饥饿和拷打都能忍受"。而那些没有目的活着的人，都早早地毫无抵抗地死掉了。

在那充满死亡气味的集中营里，弗兰克尔的一位好友曾对他说："我对人生没有什么期待了。"弗兰克尔否定了这位朋友的悲观人生态度，他鼓励说："不是你向人生期待什么，是生命期待着你！什么是生命？它对每个人来说，是一种追求，是对自己生命的贡献。当然，怎样做才能有贡献？自己的追求是什么？每个人都不一样。而怎么回答这些问题是我们每个人自己的事情。"

有生命的地方就有希望。

有希望的地方就有梦想。

"有了清晰的梦想，加上反复地充实与描画，梦想就能变成目标。"经过对目标细致认真的研究，对胜者来说，就可看成行动的计划。胜者认为，当目标完全融于自己的人生时，目标的达成就只剩下时间问题了。

如何制定目标

平平安安地过日子是大部分人生活的目标。对此，只需付出每天过日子的必要精力就足够了。这种没目标的生活，不过是看看电视而打发光阴。每晚在虚幻的悲喜剧、推理侦探故事、离奇怪诞影片等电视世界中游逛。夜幕一降，他们就习惯地坐到电视机旁，无动于衷地望着一个个画面。孰不知电视明星们正是瞄准了这些人而实现了自己的人生目标。

你有目标吗？如果没有，请静下心来，根据自己的兴趣、特长以及客观情况，为自己量身订做一个吧。在设定目标时，你需要注意以下几点。

首先，奋斗目标有高有低，专业面有宽有窄。在目标选择中是宽一点好，还是窄一点好呢？一般来说，专业面越窄，所需的力量就相对较少。也就是说，用相同的力量对不同的工作对象，专业面越窄的，其作用越大，其成功的概率就越高。所以，职业生涯目标的专业面不要过宽，最好是选一个窄一点的题目，把全部的身心力量投放进去，比较容易取得成功。

如果专业面需要放宽，起码在开始的时候，要把专业面或主攻点定得较窄些。待突破了起点，取得了经验，积累了知识，再扩大专业面，这样容易成功。

其次，长短配合要恰当。生涯目标是长期的好呢，还是短期的好？简单地说，应该是长短结合。长期目标为人生指明了方向，可鼓舞斗志，防止短期行为。短期目标是实现长期目标的保证，没有短期目标，也就不会有长期目标。特别是在职业生涯发展过程中，通过短期目标的达成，能体验达到目标的成就感和乐趣，鼓舞自己为了取得更大的成就，而向更高的目标前进。

再次，同一时期目标不宜多。就事业目标而论，同一时期目标不宜多，而应集中为一个。目标是追求的对象，你见过同时追逐五只兔子的猎手吗？别说五只，就是两只也追不过来，因为那几乎是不可能的事。有的人才高气盛，自认为高人一等，同时设下几个目标。我要奉告你，那样的话，可能一只兔子也打不着，一个目标也实现不了。人生目标的追求，就好比人坐凳子一样，一个人同时想坐几个凳子，一会儿坐坐这个，一会儿坐坐那个，换来换去，一不小心，就会从凳子中间掉下去，其结果哪个凳子都没坐稳，也就是说一个目标也没实现。由此可见，要实现人生目标，成就一番事业，须把目标集中到一个焦点上。

这不是说你不能设立多个目标，而是你可以把它们分开设置。具体说，就是一个时期一个目标，拉开时间距离，实现一个目标后，再实现另一个目标。

第四，目标要明确具体。目标就像射击的靶子一样，清楚地摆在那里。干什么，干到什么程度，要有明确具体的要求。比如，从事某一专业，学习哪些知识，达到什么程度，都要明确、具体

地确定下来。

如果目标含糊不清，就起不到目标的作用。如有人决心干一番事业，具体干什么——不知道，这就等于没有目标。自以为有目标，而没有明确的目标，不仅起不到目标的作用，还可能造成假象。投入了时间、精力和资金，却起不到实现目标的作用，10年过去了，还是一事无成。

第五，生涯目标要留有余地。就是要留有机动的时间，即便发生某些意外，也有时间和精力机动处理。实现目标的时间安排要从实际情况出发，不慌不忙，不急不躁。在工作的安排上不要刻板，要灵活机动。在要求不变的情况下，完成时间和做法可以调整变换。

死要面子的人

"面子"是丰富的中文词汇中一个古老的概念，熟悉得让人熟视无睹。

面子人人都要，因为面子包含一个人的自尊成分。但过于爱面子的人，常常会落入"死要面子活受罪"的尴尬局面。"死要面子"其实是人的虚荣心在作怪。有些人即使债台高筑，也要挥金如土，与他人比吃、比穿、比用、比轿车、比住房、比待遇、比职级；在操办红白喜事时，讲排场、摆阔气；在住房装修中，比豪华气派；在生活消费中，大手大脚，寅吃卯粮，借贷消费，其目的都是希望他人将目光聚集在自己身上。

林语堂先生曾说过："面子、命运和人情为统治中国的三大神。"外国学者德劳对中国人就有那么一种评价:"对中国人大部分行为、态度的分析,穷极到一点就是'面子':那不可思议的感受性、隐秘性、平素被谦让掩盖着的根源,在于极度虚荣的、病态的功利主义。"说得一点都不错,"爱面子"、"讲脸面"的确成为支配许多中国人行为的一个基本出发点。

"死要面子"会使人变得怪癖而孤独。例如有一位在某研究所工作的科研人员,技术与学识上也许并不太差,但由于虚荣心、自尊心过强,所以,尽管年逾不惑,却仍然和同志们难以和睦相处。原因是不管是在学术问题的讨论上,还是在工作方案的安排上,甚至就连日常琐事的看法和处理上,只要别人意见与自己不合,他就觉得面子上过不去,一点儿也不能容忍,立时发作起来,非要别人按自己的想法去办不可;否则,就会不依不饶,甚至恶语相加。因为他觉得自己永远高人一等,意见必然正确无误,别人只有跟着走的份儿,否则就是以邪压正,同时,也是不给自己面子。正因为他的这种毛病,所以凡与他相处稍久的人,无不敬而远之,避之犹如瘟疫。

一个人不可能不要面子,但又不能够死要面子。死要面子的人,往往会真正丢了面子。关键的问题是要搞清怎样做才算不丢面子,什么面子可以丢,什么样的面子应当要。

一句话,出于虚荣的面子应当丢,有关人格的面子需要保,不保何以处世?而保的办法就是实事求是。事实俱在,曲直分明,面子不保亦在;哗众取宠,装腔作势,面子虽保亦失。其实,"面子"是中国人心理上的沉重包袱,看似薄薄的情面,其实质则令人难言的苦衷。

收起你的虚荣心

在莫泊桑的短篇名作《项链》中，一个叫玛蒂尔德的美貌少妇，因为虚荣心的驱使向一位贵妇人借了条钻石项链，以便自己在一场晚会中有面子。不幸的是，玛蒂尔德在晚会后将项链弄丢了。为了偿还贵妇人的钻石项链，玛蒂尔德花了整整十年的时间拼命工作、省吃俭用，方才凑足买项链的钱。小说的结局无疑是一个黑色幽默：那个贵妇告诉玛蒂尔德，她借出的项链是一条廉价的假项链！

一夜风光，十年苦旅。玛蒂尔德为她的虚荣付出了沉重的代价。

由于虚荣而发生的惨剧，那是最不幸、最恶劣的事。人们因虚荣而送掉性命的惨例简直是举不胜举，而虚荣的人能够永远维持他虚荣的例子却是屈指可数。凡是虚荣的人，总有一天会和他的邻人、同事、伴侣、儿女，甚至不知虚荣为何物的自然界发生冲突，结果一败涂地。虚荣虽然可以自欺欺人，但它断然欺骗不了自然，虚荣是对自然的一种侮辱，但自然是不容任何侮辱的。

人类的虚荣之心已经根深蒂固，并且发展得十分普遍，难以铲除。自古以来，有许多哲学家、宗教家对此提出警告，还加以道德的攻击，然而都无用，它不但不曾因此肃杀其威，反倒日新月异，越来越猖獗了。要根本铲除这人类罪恶的根源有什么彻底的方法呢？或者是否可以将它用到好的方面去呢？至少，它的悲惨的结局是否可以设法避免呢？针对这些问题，现代心理学家的回答是："可以的！"

解决人类虚荣问题的根本，不在于如何破坏它的存在，而在于如何改善它，诱导它走向有用的方面去。过去的说教者不明白这一层，所以总是失败。因为破坏虚荣，也许就等于损害整个人类呢！人类被损害到即使只剩最后一个人，他或许也会为了他的独存而虚荣！总而言之，虚荣只要往对人类社会有利的路上去，它就非但无害，反而有益。谁会否认爱迪生、爱因斯坦等伟大的人物是虚荣的呢，然而他们永远是世界上最光荣的人。

人如果不能从正道上得到快乐，那么就会到邪道上去寻求虚荣的快乐。

贪欲过盛的人

一个财主不慎掉进水里，在水中一边扑腾一边喊救命。然而岸上并没有人。上帝见了，对财主说："你若解下腰上包袱里的黄金，不就可以游上岸吗？"财主听了，生怕水浪将他的包袱冲走，反而用双手更紧地抓住包袱——就这样，他沉入了水底，再也没有浮到水面上来。

贪婪是灾祸的根源。对于贪婪的人，上帝也救不了他。为人处世若好占便宜，必将受到唾弃；经营事业若好高骛远、过于贪婪，则事业难以长久。

不论在什么社会，什么国家，贪婪者、自私者都是卑鄙的，遭人唾弃的，都会受到社会的谴责，遭到公众的鄙视。试想，一个人若得不到周围的人的帮助，甚至经常受到周围的人的排挤与打击，他的人生之路怎么可能一路顺畅呢？

"人有时会因一念私欲，便销刚为柔，利令智昏，变恩为残，

玷污清白身，败毁了一生人品，故古人以不贪为宝，所以度越一世。"这就是说，一个人只要心中出现一点贪婪和私心杂念，他本来的刚直性格就会变得懦弱，聪明就会变得昏庸，慈悲就会变得残酷。

在大多数时候是否能节制贪欲，直接关系到一个人的人品和事业的成败。

周宣帝的皇后是杨坚的女儿，宣帝便拜杨坚为上柱国、大司马等重要官职，地位显赫。宇文氏家族的成员对杨坚的猜忌很大，谋害杨坚的阴谋一个个接踵而来。后来，宣帝本人听到传言后对杨坚也产生了疑忌之心，他想找个借口把杨坚干掉。

宣帝有四个美姬，她们为了争宠，互相辱骂，经常闹得不可开交。一天，宣帝说："你们再闹，我就把你们全杀掉。"于是宣帝想出一计，他让四个宠姬打扮得分外妖艳妩媚，站在他的两侧，又派人去召唤杨坚。宣帝对左右武士说："如果杨坚进来神色有什么变化，你们就立即把他杀掉。"不料杨坚上殿，脸上始终一股正气，目不斜视。宣帝只好让他退出。

后来宣帝因荒淫过度而死，他9岁的儿子宇文衍即位，杨坚入朝主政，宣帝的弟弟汉王宇文赞早就想当皇帝，上朝听政时常与杨坚同帐而坐。杨坚对此非常恼火。杨坚知道宇文赞是个酒色之徒，就选了几个漂亮的姑娘送给他。宇文赞满心欢喜地接受了，他的权力欲望从此减退了，于是搬回王府，天天与美女销魂，不问政事，杨坚遂于公元581年7月14日称帝，建立了隋朝。

宇文赞由于一念贪欲，良知就自然泯灭，即使有点刚毅之气也化为乌有，只有任行贿者摆布，落得个可怜的下场。

《菜根谭》言："富贵是无情之物，看得它重，它害你越大；

贫贱是耐久之交，处得也好，它益你深。故贪商于而恋金谷蕴者，竟被一时之显戮；乐箪瓢而甘敝缊者，终享千载之令名。"这段话的意思很明显，不节制贪欲，过于贪心，必然为贪欲所害。

明末清初有一本书叫《解人颐》，其中有一首诗把贪婪者的心态刻画得入木三分："终日奔波只为饥，方才一饱便思衣；衣食两般皆供足，又想娇容美貌妻；娶得美妻生下子，恨无田地少根基；买得田园多广阔，出入无船少马骑；槽头拴了骡和马，叹无官职被人欺；县丞主簿还嫌小，又要朝中挂紫衣，做了皇帝求仙术，更想升天把鹤骑；若要世人心里足，除非南柯一梦兮。"当然，这是夸张的写法，却形象地反映了一些人的贪婪心态。

贪欲过盛之人，没人愿与之共事，因而永远难成大器。世间小人，个个蝇营狗苟，皆同贪欲所惑也。

有欲望并不是一件坏事

每一个正常人都有欲望。就是一心向佛的人，也有"了生死，出轮回"或"度众生"的欲望。甚至于一个一心求死的落魄者，心里也是有着强烈欲望的，而且正是因为这个过于强烈的欲望没有达到满足才去求死——如果大家不太明白这句话的意思，不妨打个比方来说明：一个一心想赢六合彩的赌徒下了重注却没有中，千金散尽去求死，只要有人用权威的证据告诉他，他下的重注其实中了，只是他听错了号码而已，保证该赌徒立马眉开眼笑不再求死。或者一个因失恋而求死的人站在悬崖边，他的爱人只要告诉他其实自己还深爱着他，他保证不会跳下去。

所以说，有欲望是人之常情。并且有欲望本身不是一件坏事，欲望是刀，看你怎么用而已。过分地淡泊名利、克制欲望并不值得提倡。《菜根谭》中有云：淡泊是高风，太枯则无以济人利物。大意是说，把功名利禄都看得淡本是一种高尚的情操，但是过分清心寡欲而冷漠，对社会大众也就不会有什么贡献了。可以这样说，人类正是因为有了欲望，才直立行走，才从昔日的刀耕火种发展到今天的九天揽月。

欲望是行动的燃料，装填过少行动力不足，装填过多会造成飞车等严重后果。那么，究竟要装填多少呢？

要回答这个问题，我们不妨先回答另一个问题：如果你的眼前有一盘你最喜欢吃的烤鸭，而且是不要钱无限量供应的，你会选择吃几分饱？

最佳的选择是八分饱。十分、十二分太饱，一分、二分太少，八分正好。我们反对贪婪，但不否定欲望。贪婪是一个魔鬼，但欲望不是，欲望是一个天使与魔鬼的混合物。你和欲望保持恰当的距离，欲望是一个美丽的天使；而如果你不顾一切地扑向欲望，欲望就会变成一个恶魔。有克制的欲望是进取，无克制的欲望是贪婪。当我们在克制自己的贪婪之心时，不要忘了激活自己的进取之心，以便让自己生活得更好，让这个世界更加美丽富足。

懒惰成性的人

山下的野猪家族日益壮大，为了生存，野猪们只得时常下山觅食。它们糟蹋了很多庄稼，令村民们非常恼火。

一天，一位老人赶着一头拖着两轮车的毛驴，走进野猪经常出没的村庄，车上装满了木料和谷物。老人告诉村民，说他要帮助他们捉野猪。村民们都嘲笑他，因为没有人相信老人能做到。但是，两个月以后，老人从山上回到村庄，告诉村民，野猪已经被他关在山顶的围栏里。

他向村民解释如何捕捉野猪，他说："我做的第一件事，就是去找野猪经常出来吃东西的地方。然后我就在空地中间放少许食物作为捕捉的诱饵。那些野猪起初吓了一跳，最后，还是好奇地跑过来，由老野猪带头开始在周围闻味道。老野猪猛尝了一口，其他野猪也跟着吃，这时我知道我能捕到它们了。第二天我又多加一些食物，并在几尺远的地方树起一块木板。那块木板像幽灵一样，暂时吓退了它们，但是白吃的午餐很有吸引力，所以不久之后，它们又回来吃了。当时野猪并不知道，它们将是我的了。此后我要做的只是每天多树立几块木板在食物周围，直到我的围栏完成为止。每次我加进一些木板，它们就会远离一阵子，但最后都会再来'白吃午餐'。围栏做好了，唯一进出口的门也准备好了，而不劳而获的习惯使野猪毫无顾忌地走进围栏。这时我要做的只是拉动连接在门上的绳子，就出其不意地把它们捕捉了。"

这个故事的寓意很简单：一只动物要靠人类供给食物时，它就会遇到麻烦。人也一样，如果你想使一个人残废，成为一个十足的失败者，只要在足够长的时间里给他"免费的午餐"，让他养成不劳而获的懒惰习惯就行了。

还有一则笑话，反映了懒惰者的不光彩结局。

古时有个懒婆娘，洗衣烧饭一点都不会，整天过着饭来张口、衣来伸手的生活。一天，丈夫要出去办事。他怕自己走后，懒婆娘自己不愿动手会饿死，所以临走之前特地为他婆娘做了一张烙饼，又担心懒婆娘太懒，连自己动手拿一下都不愿，所以拿了根

第七章　容易陷入困局的几种人

绳子串起那张烙饼，然后把饼挂在懒婆娘脖子上，只要她张嘴就能咬到烙饼。

过了十多天，丈夫回到家，推门进屋一看，懒婆娘已饿死了。再看那张烙饼，嘴边附近的地方被咬了几口，其余的地方连动都没动一下。原来懒婆娘懒得连用手转动一下烙饼都不愿干，所以烙饼就在嘴边却活活饿死了。

事实上，懒惰会造成畏缩，畏缩会导致进取心及自信心的丧失，一个人缺乏这些基本的优点，终其一生都要在困局中度日。

一个人在工作中生活中的惰性，最初的症状之一就是他的理想与抱负在不知不觉中日渐淡漠和萎缩。对于每一个渴望成功的人来说，时刻检查自己的抱负，并永远保持高昂的斗志是至关重要的。要知道，一切成功取决于我们的远大志向，一个人如果胸无大志，游戏人生，那是非常危险的。更危险的是，一旦我们停止使用我们的肌肉和大脑的话，一些本来具备的生理优势和能力也会在日积月累之后开始生疏、退化，最终离我们而去。如果我们不能不断地给自己的抱负加油，如果我们不通过反复的实践来强化自己的能力，不彻底铲除隐藏在心底的惰性，那么，成功就会变得离我们异常遥远。

在我们周围的人群中，由于没有克服惰性，最后理想破灭、丧失斗志的人多得数不胜数。尽管他们外表看来与常人无异，但实际上曾经一度在他们心中燃烧的热情之火已经渐渐熄灭，取而代之的是无边无际的黑暗人生。

对于任何人来说，不管他现在的处境多么恶劣，或者是先天条件多么糟糕，只要有耐心和毅力，只要他能够保持高昂的斗志，热情之火不灭，那么他就大有希望。但是，如果他任由惰性蔓延，变得颓废消极，心如死灰，那么，人生的锋芒和锐气也就丧失殆尽了。在我们的生活中，最大的挑战就是如何克服自己心底的惰性，持久地保持高昂的斗志，让渴望成功的炽热火焰永远燃烧。

勤奋是成事之本

香港"珠宝大 SE"郑裕彤，出生在一个农民家庭，自幼家境贫寒，15 岁时即中断学业，到香港"周大福珠宝行"当学徒。临行前，母亲叮嘱他：干活勤快，遵守规矩，多动手，少动口。郑裕彤牢记母亲的教诲，干活勤快又机灵。他处处留意，看老板和同事如何做好经营管理，还在业余时间观察别的商家如何营业。

一次，他去别家珠宝店观察人家的经营之道，不料回来时遇上堵车，迟到了。老板发现后，问他何故迟到，他便据实相告。老板不相信一个小学徒还有这份心思，就问："你说说，看出了什么名堂？"

郑裕彤不慌不忙地说："我看人家做生意，比我们要精明。客人只要一进店，伙计们总是笑脸相迎，有问必答。无论生意大小，一概客客气气；就是只看不买，也笑迎笑送。我觉得，这种待客的礼貌周到是最值得我们学习的。还有，店铺的门面也一定要装饰得像模像样，与贵重的珠宝相配。我看人家把钻石放在紫色的丝绒布上，光亮动人，让人看起来格外动心……"

郑裕彤侃侃而谈，周老板暗暗动心。他预感此子必成大器，便有意培养他。郑裕彤成年后，颇受周老板器重，周老板便将女儿嫁给他，后来干脆将生意全交给他打理。

郑裕彤不是无义之人，他暗下决心，一定要把珠宝行做得更好，以报答岳父的知遇之恩。在他的苦心经营下，"周大福珠宝行"发展成为香港最大的珠宝公司，每年进口的钻石数占全香港的 30%。之后，郑裕彤又投资房地产业，成为香港几大房地产大亨之一。

后来，有人问郑裕彤为什么取得如此成功，他说出了自己的秘诀："守信用，重诺言，做事勤恳，处世谨慎，饮水思源，不应见利忘义。"

英格瓦·坎普拉德是宜家的创始人，他让瑞典国旗的颜色布满了全球，给无数的家庭带来简约大气的风格。

在《福布斯》2005 年全球富豪榜中，英格瓦以 230 亿美元的身价名列第六。宜家不可取代的标签是低成本、低价格。对此，坎普拉德有一句经典语句始终在流传："我已经习惯了在对方就要起身离开之际问一句：能否再便宜一点？"

如今，这位 80 岁的宜家老板，拥有 150 亿瑞士法郎资产，在全球 30 多个国家和地区拥有上百家连锁公司和特许经营店。目前，宜家有 8 万名员工，经营销售着 1.24 多万种商品，相对固定的客户或消费者约有 1.2 亿人。

坎普拉德最爱说的一句话是："只要我们动手去做，事情总会好起来。我们的生活就是工作，没完没了的工作。"

业精于勤荒于嬉。在通往成功的路上，曲折和坎坷是难免的，而不管多么聪明的人，要想从众多道路中取一捷径，都少不了一个"勤"字。所谓"书山有路勤为径，学海无涯苦作舟"，就是指读书与勤奋的关系。人生中任何一种成功和幸福的获取，大多都始于勤并成于勤。

骄狂自大的人

　　骄狂自大的人处境卑微自然不幸，却没有太大的危险，趴在地上的人是不会被摔死的。最可怕的情境是身处险峰而高视阔步，只谓天高风爽，不见峡谷深邃。其实，只要脚下的某块石头一松动，就有坠入深渊的危险，而那些不可一世的英雄却全然不觉，兀自陶醉于"一览众山小"的壮景豪情中。殊不知正是这种时候，脚下的石头是最容易松动的。

　　古往今来，骄狂自大毁了多少盖世英雄！

　　古典小说《三国演义》，塑造了为数众多的英雄好汉式的人物形象。其中有两个人物则是骄狂自大的典范。

　　一个是关羽。此人曾经"过五关斩六将"，自以为"威震华夏"，"天下无敌"，非常骄狂。刘备自立为汉中王后，封"关（羽）、张（飞）、赵（云）、马（超）、黄（忠）"为"五虎上将"，关羽居首，关羽听说黄忠也被封为"五虎上将"之一，大为恼火，怒气冲冲地说："黄忠何等人，敢与吾同列。大丈夫终不与老卒为伍！"关羽驻守荆州的时候，孙权派诸葛瑾到他那里，替孙权的儿子向关羽女儿求婚，"求结两家之好"，"并力破曹"，关羽竟勃然大怒，对诸葛瑾言道："吾虎女安肯嫁犬子乎！"孙权派陆逊镇守陆口，陆逊派人给关羽送礼，关羽竟当着来使的面说道："孙权见识短浅，焉用此孺子为将。"这个关羽，自称"大丈夫"，又称自己的女儿为"虎女"，把有"百步穿杨之能"的老将黄忠叫"老卒"，把东吴首领的儿子骂为"犬子"，又把东吴的大将陆逊看成"孺子",真是狂妄透顶!关羽如此狂妄自大,结局如何呢?到头来落个:失荆州,走麦城,人头落地,呜呼哀哉。

另一个是马谡。此人自命不凡,十分骄狂。司马懿的大队人马向街亭进军,马谡自告奋勇请求领兵去守街亭。诸葛亮对他说:"街亭虽小,干系甚重。倘街亭有失,吾大军皆休矣。汝虽通谋略,此地奈无城郭,又无险阻,守之极难。"马谡自吹自擂,夸下海口:"某自幼熟读兵书,颇知兵法。岂一街亭不能守耶?"马谡一到街亭,看了地势,就笑道:"丞相何故多心也?量此山僻之处,魏兵如何敢来!"马上令"山上屯军"。王平不同意他的意见,认为屯兵山上有危险。马谡大笑:"汝真女子之见。兵法云:'凭高视下,势如破竹。'若魏兵到来,吾教他片甲不回。"还说:"吾素读兵书,丞相诸事尚问于我,汝奈何相阻耶!"这个"徒有虚名"的庸才,骄狂轻敌,结果街亭失守,一败涂地,害得诸葛亮无可奈何唱了一出"空城计",而他自己也因此失了性命。

《阿Q正传》中的主人公阿Q是一个"精神胜利者"的典型,此人有时也颇为骄狂自大。阿Q很自尊,"所有未庄的居民,全不在他眼睛里,甚至对于两位'文童'也有以为不值一笑的神情"。他和别人吵架的时候,时不时瞪着眼睛道:"我们先前——比你阔的多啦!"一个老头说了声"阿Q真能做",他就洋洋得意起来。进了几回城,他就"更自负"了。

上述几个人物,都自以为了不起,都瞧不起别人,这是他们成为失败者的共同点。但是,他们的骄狂又各有特点。关羽凭着他是"桃园三结义"中的老二,凭着他曾经"过五关斩六将",所以狂妄自大,结果兵败麦城,死于非命。马谡因为"自幼熟读兵书,颇知兵法",因为平时"丞相诸事尚问于我",才那么骄狂自大。阿Q骄狂的资本，不过是"先前阔"（还不知是真是假）、"真能做"和进过几回城，比之关羽、马谡就可怜多了。这三个人的骄狂在程度上是有区别的，最厉害的要数关羽，再次是马谡，阿Q就等而下之了。

然而，骄狂的程度等于失败的程度，所谓"骄兵必败"，骄狂者最终在困局中毁灭。

列夫·托尔斯泰曾经有一个巧妙的比喻，用来说明骄狂的原因。他说："一个人对自己的评价像分母，他的实际才能像分数值，自我评价越高，实际能力就越低。"

托尔斯泰的比喻，生动地说明了一个人的自我评价与其真才实学之间的关系。愿这个比喻能牢记在读者心中，并时时起到警钟长鸣的作用。

谦逊是甜美的根

谦逊是一种平衡关系，使周围的人在对自己的认同上达到一种心理上的平衡，让别人不感到卑下和失落。非但如此，有时还能让别人感到高贵，感到比其他人强，即产生任何人都希望获得的所谓的优越感。

所以，谦逊的人不但不会受到别人的排斥，同时也易得到社会和群体的吸纳与认同。

古希腊哲学家苏格拉底曾说：谦逊是藏于土中甜美的根，所有崇高的美德自此发芽滋长。日本著名的企业家松下幸之助在谈人生时用了盲人走路的比喻，他说："盲人的眼睛虽然看不见，却很少受伤。反倒是眼睛好的人动不动就跌跤或撞到东西，这都是自恃眼睛看得见，而疏忽大意所致。盲人走路非常小心，一步

步摸索着前进，脚步稳重，全神贯注，像这么稳重的走路方式，明眼人常常是做不到的。人的一生中，若不希望莫名其妙地受伤或挫败，那么，盲人走路的方式，就颇值得借鉴。前途莫测，大家最好还是不要太莽撞才好。"

懂得谦逊就是懂得人生无止境，事业无止境，知识无止境。知之为知之，不知为不知，知不知者，可谓知矣。海不辞水，故能成其大；山不辞石，故能成其高。有谦乃有容，有容方成其广。人生本来就是克服了一个又一个障碍前进的，攀登事业的高峰就像跳高，如果没有一个刹那间的下蹲积聚力量，怎么能纵身上跃？人生又像一局胜负无常的棋，我们无法奢望自己永远立于不败之地。况且，"鹤立鸡群，可谓超然无侣矣，然进而观于大海之鹏，则渺然自小；又进而求之九霄之凤，则巍乎莫及"。

另外，谦逊对于人际交往也尤其重要。一个背着自负自傲沉重包袱的人，他的友谊财富必然少得可怜。这里谦逊需以坦诚为基础，否则就难免陷入虚伪的泥潭。比如在讨论问题时，明明自己有不同意见，为表谦逊而不明白说出，或者吞吞吐吐，言而不尽；对方批评自己时，当面唯唯称是，背后却又发牢骚等做法。再者，还应划清两个界限。一个是谦逊与虚荣的界限。如果一个人故作谦逊姿态，以求得到"谦逊"的美誉，那其实是虚荣的一种常见表现。这种虚荣心一旦被对方察觉，哪里还会有愉快的交往可言？再一个是谦逊与谄媚的界限。有些人在交际时总爱对他人说一些言不由衷的溢美夸饰之词，以为只有这样才显得自己彬彬有礼，谦恭而有教养。殊不知，过分溢美，几近谄媚。虽说谄媚"也可造成协调，但这种协调是借奴性的、无耻的罪过或欺骗而成的"（斯宾诺莎语）。

古人有"满招损、谦受益"的箴言，忠告世人要虚怀若谷，对人对事的态度不要骄狂，否则就会使自己处在四面楚歌之中，被世人讥诮和瞧不起。这样处世，怎么能使自己有进步呢？

刚愎自用的人

刚愎自用的人顽固、守旧、偏执，对于某种理念，过于专注，他认准了的事，就坚持到底，死不回头，固执地认为自己是在坚持原则，坚持真理。实际上他们认的却是死理儿，是过了时的土教条，或是不符合国情、社情的洋框框，一点灵活性都没有。这类人面对世界的发展进步，总觉得不可思议或是在瞎胡搞；自己的种种想法，明明是与时代潮流相违背，却反过来认为是时代在倒退，是一代不如一代。这类人对新事物、新人物、新现象、新趋势一百个看不惯，视为洪水猛兽。有时，他们的言行比保守派还保守，比顽固派还顽固。

刚愎自用的人自尊心超强，一点都冒犯不得，谁若是当面顶撞了他，尤其是在大庭广众之下顶撞了他，就会火冒三丈，认为这是故意和他过不去，故意让他下不了台，是故意在寻衅，他就会从此记在心上，这个"伤口"就很难愈合，往往一辈子都难以忘掉，以后一有机会就会对"发难者"进行打击报复，以报这个"宿怨"。

刚愎自用的人大都是从来不认错的人。这种人对自己的眼光和能力从来都不怀疑，有时明明是自己错了，却就是不承认；明明是自己将事情搞得很糟，但就是不认账；明明是自己的指导思想出了问题，却偏偏说是他人将他的思想理解错了……总之，黑的说成白的，错误变成了真理，成绩永远是自己的，错误永远是他人的，即便是他有错，也是"一个指头和九个指头"，是"七分成绩和三分缺点"，因而经常是倒打一耙，反诬批评者不怀好心，不仅如此，为了彻底杜绝批评者的反对声音，还会利用权势大整特整那些批评者。这种刚愎自用者不肯悔改、又不听他人劝告的特点，往往会使他们在错误的道路上越走越远，其结果就会与自己原来美好的奋斗目标南辕北辙。

刚愎自用的人一般都是好大喜功的人。这类人喜欢自我肯定、自我表彰，做了一点点有益的事，就沾沾自喜，到处表功，唯恐他人不知道。这类人也只喜欢听好话，听吹捧的话，不喜欢听不同的意见，更不喜欢听反对的话，因而他的周围聚集着一帮献媚于他的小人，这些小人会投其所好，在他的面前搬弄是非，结果呢，这类有权势的刚愎自用者离"正派忠良"就会越来越远。

应该说没有一点"资格"、"本领"是不可能有刚愎自用这个"称号"的。这类人，有一定的能耐，在自己的工作、事业上还做出过一定的成绩，因而自信到了极点，自大自傲，自我感觉一直良好，达到了自我陶醉、不可一世的地步。有些刚愎自用的人还是典型的自我崇拜狂，看他人是"一览众山小"，自己什么都是对的，别人统统都是错的，这类人个性孤傲，对人冷若冰霜。尽管他没有跑到大街上宣布："上帝已经死了，我就是上帝。"但是，他的所作所为却是无声地宣布自己就是上帝。

刚愎自用是一种非常可怕的坏毛病。它可以使人越来越不知道天高地厚，离真理越来越远，离逆境越来越近。那么，怎么纠正或消除刚愎自用这一坏毛病呢？

一是要谦虚谨慎，虚荣心不要太强，应尽量听取别人的意见。心太满，就什么东西都装不进来；心不满，才能有足够装填的空间。古人说得好："满招损，谦受益。"做人应该虚怀若谷，让胸怀像山谷那样空阔深广，这样就能吸收无尽的知识，容纳各种有益的意见，从而使自己充实丰富起来，不犯文过饰非的毛病。

二是不要轻易否定别人的意见。要理解别人，体贴别人，这样就能少一分盲目和偏执。要善于发现别人见解的独到性，只有这样才能多角度、多方位、多层次地观察问题，这是一个现代人必备的素质。无论如何，不能一听到不同意见就勃然大怒，更不能利用权势将他人的意见压下去、顶回去。这样做是缺乏理智的表现，是无能的反应，只能是有百害而无一益。

三是要有平等、民主的精神。而这种精神形成的前提条件是有一种宽容的心态。只有互相宽容，才能做到彼此之间的平等和民主。学会宽容，就必须学会尊重别人。尊重领导，人们一般都容易做到，而尊重比自己"低得多"的人，尊重普通人，尊重被自己领导的人，却很难很难，尊重（民主）就必须从这一点开始，什么叫尊重？就是认真地听，认真地分析，对的要吸收，并在行动上改正，即便是不对的，也要耐心听，耐心地解释，做到不小气、不狭隘、不尖刻、不势利、不嫉妒，从而将自己推到一个新的思想修养高度。

四是要树立正确的思想方法。一个人为什么会刚愎自用？重要原因之一，就在于他的思想方法出了问题，经常是一孔之见还要沾沾自喜，经常是一叶障目还要自得其乐。这类人不懂天外有天，不懂世界的广阔，因而夜郎自大，所以必须在思想方法上来一个彻底的脱胎换骨。

五是要多做调查研究。刚愎自用者的最大毛病就是自以为是，就是想当然，认为自己在书房里想的一切都是千真万确，明明是脱离实践的，却还非要坚持下去。为什么？就是因为他们书本知识太多，实践知识太少。所以建议这类人要多多深入到火热的实践生活中去，进行实地的调查研究，看一看实践是怎么回事，这样有利于避免刚愎自用的产生。

总之，一个刚愎自用的人若不能克服这种坏毛病，他终有一天会碰得头破血流，饱尝逆境的滋味。

轻诺寡信的人

轻诺寡信语出《老子》第六十三章："夫轻诺必寡信，多易必多难。"意为轻易答应人家要求的人，一定很少守信用。

"人无信不立"，做人信用第一，所谓"一诺千金"。别人有求于你，你能做到的当然要答应，做不到的，则要说明原委，千万不能轻易承诺之后却不当一回事。你不守信用，一次、两次，等别人对你失望，甚至对你记恨，从此不再和你来往时，再想挽救便迟了。而一个信用丧失的人，在社会上寸步难行，要想做点什么事情简直难如上青天，不仅难以得到别人的帮助，更会招来一些人故意设置的障碍。

我们从小都听长辈讲过"抱柱守信"的故事。古时候，有位年轻人和人相约在桥下。他等了许久也没见到约会的人。一会儿河水上涨，漫过桥来，他为了守信，死死地抱住桥柱，一心等待着友人的到来。河水越涨越高，竟把他淹死了。这位年轻人抱柱而死的行为尽管有点迂腐，然而，那种"言必信，行必果"的品格，却是永远值得人们敬佩的。

有许多诺言能否兑现得了，不只是取决于主观的努力，还有一些客观条件的因素。有些照正常的情况是可以办到的事，后来因为客观条件起了变化，一时办不到，这是常有的事。我们在工作和生活中要有诚信，不要轻易许诺，许诺时不要斩钉截铁地拍胸脯，应留一定的余地。当然，这种留有余地是为了不使对方从希望的高峰坠入失望的深谷，而并不是给自己不努力找理由。

在与人交往时，我们常会听见或说过那些并非出自本意的客套话，而人们对于这些社交辞令也往往不加重视。

比方说，当一群人在谈论戏剧时，你可能会听到这样的对话："我非常喜欢欣赏戏剧，尤其是刻画现代人生活点滴的戏。"

"你真喜欢那样的戏呀？真巧，我认识一位剧场经理，他们的剧场最近要推出你欣赏的戏种，这样吧！改天我帮你要一张门票。"

这是极典型的双方均不认真的社交会话。如果说这是约定，倒不如说它是谈话时的润滑剂。

如果有一天，当你与客户谈话谈到海南的椰子很有名时，你说出此话的原因，当然不是在暗示他，你想要吃椰子，只是将名产列入话题罢了！因此，在听到这位客户说"正好下周我去海南，到时候我带两只送给你"后，你自然摆出一副煞有介事的模样，回应"好啊"，实际上，你从未将此话当真。

但令你吃惊的是，一星期后你收到了这位客户送来的椰子！你会惊讶，是因为想不到世界上竟然还有如此老实憨厚的人。也许就是这一次，你会对这位客户的印象非常良好。

所以，在交往中确实履行了自己所作的"改天我……"的承诺，必能打动对方的心。

然而，或许有人会认为自己与对方的态度不同，何必如此认真地履行承诺。不过，就因为对方的不当真，而你却以认真的态度面对所做的"约定"，这样产生的效果才会更大。换言之，对方对你这种履行诺言的诚信行为，发出的喜悦及赞赏会随着吃惊程度而成正比增加。

认真地履行自己所作的"改天我……"的承诺，不管是进行感情投资，还是让他人愉悦舒坦，都不失为一个妙策。

现代年轻人在面对自己曾许下的诺言时，常以马虎轻率的心态处理。

比如说，有人以为逢人便说"改天我们去吃个饭吧"或"改天我们去喝杯咖啡"是八面玲珑的做法。实际上，所得到的效果却适得其反。

在表面上，对方也会因场面的关系而应声附和，但在私底下却对你经常开支票，而且是不能兑现的空头支票，产生极大反感，对你的信赖更是逐渐降低。

曾子杀猪取信说的就是这样一个故事。一天，曾参的妻子上街，儿子哭着要跟着去，妻子哄他说："你在家里等着，妈妈回来杀猪给你吃！"儿子信以为真，不哭闹了。妻子从街市回家，只见曾参正拿着绳子在捆猪，旁边放着一把雪亮的尖刀。妻子赶上去说："我刚才是哄孩子，你怎么当真呢？"曾参严肃而认真地说："那可不行，当父母的不能欺骗孩子。如果父母说话不算数，孩子小不懂事，就会跟着学，这样就起了教孩子说假话骗人的作用，那就太不好了。"妻子为难地说："那可怎么是好？"曾参果断地说："就照你说的办吧！这叫'言必信，行必果'。"

有的人面对别人的请求时，虽然心里很想拒绝，但是觉得拒绝了对方，便是伤害了对方的自尊心，或是担心被指责为不讲义气，所以就违心地答应下来，随后懊恼不已，因为不能够去实现，往往失信；有的人好轻易许诺，以显热情，但又没有足够的能力兑现诺言，往往失信；有的人事到临头或兴奋时刻，慨然应允给别人某件物品，以示慷慨，可冷静之后，又十分舍不得，后悔莫及，吝啬占了上风，常常失信；有的人对于自己根本办不到的事，也拍胸脯，打包票，事后总不能兑现，常常失信。他们往往不知道做人要以严格守信为先，不知道既然许诺他人，就要不惜一切地给予，绝不能吝啬，就要竭尽全力去实现而毫不动摇的道理，这样做的后果往往是使他人怀疑和不信任你。

所以，是否对他人许诺要根据自己的实际情况来决定，当自己无能为力或心里不愿给予或是难以给予的时候，我们应保持缄默，或者诚实地说一声"不"、"对不起"。在回绝的时候应做到友好、轻松、诚恳，因为这样的拒绝并非恶意，别人会理解你的苦衷并给予体谅的。

信誉许诺是非常严肃的事情，对不应办的事情或办不到的事，千万不能轻率应允。一旦许诺，就要千方百计去兑现。否则，就会像老子所说的那样："轻诺必寡信，多易必多难。"一个人如果经常失信，一方面会破坏他本人的形象，另一方面还将影响他本人的事业。

明代《郁离子》一书中有如下一则商人因失信而丧生的故事：济阳某商人过河船沉，他拼命呼救，渔人划船相救。商人许诺："你如救我，我付你百两金子。"渔人把商人救到岸上。商人只

第七章　容易陷入困局的几种人

219

给了渔人八十两金子，渔人斥责商人言而无信，商人反责渔人贪婪。渔人无言走了。后来，这商人又乘船遇险，再次遇上渔人。渔人对旁人说："他就是那个言而无信的人。"众渔人停船不救，商人淹死河中。这就是言而无信的后果。

恪守信义，一诺千金

所谓恪守信义，是指对许诺一定要兑现。答应了别人什么事情，对方自然会指望着你，一旦别人发现你开的是"空头支票"，说话不算数，就会产生强烈的反感。"空头支票"会给人添麻烦，也会使自己名誉受损。对别人委托的事情要尽心尽力地去做，但不要许诺自己根本力所不及的事情。美国前总统华盛顿曾说过："一定要信守诺言，不要去做力所不及的事情。"他告诫人们，因承担一些力所不及的工作或为哗众取宠而轻诺别人，结果却使自己不能如约履行，那是很容易失去信用的。

东汉时，汝南郡的张劭和山阳郡的范式同在京城洛阳读书。学业结束他们分别的时候，张劭站在路口，望着长空的大雁说："今日一别，不知何年才能见面……"说着流下泪来。范式拉着张劭的手，劝解道："兄弟，不要伤悲。两年后的秋天，我一定去你家拜望老人，同你聚会。"

落叶萧萧，篱菊怒放，这正是两年后的秋天。张劭突然听见长空一声雁叫，牵动了情思，不由自言自语地说："他快来了。"说完赶紧回到屋里，对母亲说："娘，刚才我听见长空雁叫，范式快来了，我们准备准备吧！""傻孩子，山阳郡离这里一千多里，范式怎么来呢？"他妈妈不相信，摇头叹息："一千多里路啊！"张劭说："范式为人正直、诚恳、极守信用，不会不来。"老妈妈只好说："好好，他会来，我去打点酒。"其实，老人并不是不相信，只是怕儿子伤心，宽慰宽慰儿子而已。

约定的日期到了，范式果然风尘仆仆地赶来了。旧友重逢，亲热异常。老妈妈激动地站在一旁直抹眼泪，感叹地说："天下真有这么讲信用的朋友！"范式重信守诺的故事一直被后人传为佳话。

讲信用，守信义，是立身处世之道，是一种高尚的品质和情操，它既体现了对他人的尊敬，也表现了对自己的尊重。但是，我们反对那种"言过其实"的许诺，我们更反对"言而无信"、"背信弃义"的丑行！

讲信用是忠诚的外在表现。人离不开交往，交往离不开信用。"小信成则大信立"，治国也好，理家也好，做生意也好，都需要讲信用。一个讲信用的人，能够言行一致，表里如一，人们可以根据他的言论去判断他的行为，进行正常的交往。如果一个人不讲信用，说话前后矛盾，做事言行不一，人们无法判断他的行为动向，与这种人是无法进行正常交往的，更没有什么魅力可言。守信是取信于人的第一要素，信任是守信的基础，也是取信于人的方法。

处世无方的人

佛家有云："善有善报，恶有恶报"，并且强调"不是不报，时辰未到；时辰一到，一切都报"。

所谓"善有善报，恶有恶报"，听来玄虚，其实是一句有关人性人情的至理名言。一个"报"字，体现了人性中类似"反作用力"的深刻含义。给予善待，结果是"多个朋友多条路"；施以恶毒，伺机报复，结果是"多个仇人多堵墙"。人生在世，有如旅行，是畅通无阻还是寸步难行，全在自己怎样待人。

处世无方，最易得罪他人而招来横祸。有一天，一位旅客在飞机场上看见一位衣冠楚楚的商人，在大声斥骂搬运工没有处理好他的行李。商人骂得越凶，搬运工越显得若无其事。商人走后，那位旅客称赞搬运工有涵养。"噢，是吗？"搬运工笑着说，"你明白吗，那家伙是到佛罗里达去的，可是他的行李嘛，将会运到密歇根去了。"与你共事的人——即便是下属——只要受了你的气，就会跟你捣蛋。

相反，只要你精于处世之道，即使犯了严重的错误也没关系，很多能力平平的管理人员都能安然无恙地渡过公司的人事变动危机，其原因就在这里。他们处世待人通情达理，讨人喜欢，一旦犯错误，支持他们的人总会帮助他们通融补过。偶尔犯了一次错误之后，如果老板觉得他们能以负责干练的态度来纠正错误，说不定会提携他们。

处世之道是后天培养的技巧，可以越练越精，就像礼貌一样，人人都可以学会。

飞蛾扑火，自取灭亡，其招惹祸因的根源在自身；果实的种子播种后发芽开花，花又结出丰硕的果实，其福报的由来仍然在自身。种瓜得瓜，种豆得豆，因果报应是一种客观规律，既不玄虚，也非迷信。

既然因果报应既不玄虚，也非迷信，人们在社会生活中就应该尽可能多做有益于他人和社会之事，而杜绝一切于他人和社会有害之事。这既是一个必然的结论，也是人们事事顺风的必然要求。

俗话说"要想人爱己，先须己爱人"，"我为人人，人人为我"，一个人应该时刻存有乐善好施、助人为乐、成人之美的心态。这在某种意义上很像在银行的储蓄，一个人只有养成平时储蓄的习惯，遇到不测时才不至于手忙脚乱，储蓄越多，他的未来就越有保障，越可能幸福。同样的道理，人们也只有在平时努力地去做有益于他人和社会之事，才能使生活的道路越走越宽，事业越做越大，最终实现自己的远大目标。

善于与人合作

现代社会里，谁被孤立谁就会失败；失败了还要坚持孤立，那这个人就是个彻底的失败者了。在这个现代社会的大舞台中，个人的力量是渺小的，是微不足道的，而善于合作，则是你不可或缺的重要途经。

乔治马秋·阿丹说："帮助别人往上爬的人，会爬得最高。"这句格言的意思说得再明白不过了，能帮助别人往上爬的人，肯定有几分能力：一是他要站得比受帮助的人更稳，更高，说明自身素质很好；二是一直帮助别人往上爬的人定善与人合作，而没有人不愿意和帮助自己的人合作；三是他有领导能力，要一直帮助别人往上爬，至少他能为别人指明方向，引导别人向前，向更高一步发展，否则就会帮倒忙了。再往深处想一想，人人都愿意和他合作，团结合作的力量肯定比自己单打独斗强，加上他自己较强的自身素质，这人肯定是能够成功的。

1+1>2 的道理许多人都懂，可一旦具体实施，就不一定做得

到了，要么不努力去找人合作，要么不善于与人合作。总之，真正理解并很好地运用这个公式又能深刻理解这道题的人不常见。你没必要独自一个人去实现你的梦想，也不应当这样。

一个叫瑞凡的小孩子跟小伙伴在废弃的铁轨上单独行走，看谁走得最远。结果瑞凡和朋友只走了几步就都跌了下来。

后来，瑞凡跟他的朋友分别在两条铁轨上手牵着手一起走，他们便可以不停地走下去而不会跌倒。这就是互帮互助的"合作精神"。如果你帮助其他人获得他们需要的，你也能因而得到想要的，而且帮助得愈多，得到的愈多。

没有人有三头六臂，个人不可能有太多的精力在所有方面；你在此方面是天才，可能在彼方面却近于弱智；你在此领域呼风唤雨，却可能在彼领域寸步难行。

一个巴掌拍不响，众人拾柴火焰高。

一般而言，大凡古今中外的事业有成者，往往都是团结合作的好手；都是能将他人的聪明才智"集合"起来的高手；都是能让合作者的潜能充分调动、发挥的能手。汉高祖刘邦在平定天下、设宴款待群臣时很感慨地说："运筹帷幄，决胜千里之外，朕不如张良。治国、爱民，萧何能有万全计策，朕不如萧何。统帅百万大军，百战百胜，是韩信的专长，朕也甘拜下风。但是，朕懂得与这三位天下人杰合作，所以朕能得到天下。反观项羽，连唯一的贤臣范增都团结不了，这才是他步入垓下逆境的根本原因。"

有人问："我也想与人合作，但就是合作不了，是什么原因呢？"

第一，与自己的私心太强有关。合作需要人的无私，需要利益共享。有些人的私心太强，什么利益都想独吞（或占大头），凡涉及名利之事都想自己优先，都想将他人排斥在外，自己一点小亏都不肯吃；有些人的功利主义色彩太强，对合作者采取实用主义的态度，用到他人时，什么都好商量，不用他人时，则采取将人一脚踢开、理都不理的态度。一个人若是对合作者采取这样的态度，那么是永远合作不好的，而且合作了也会很快散伙的。

第二，与自己不能平等待人有关。合作需要人与人之间的平等，需要人与人之间的尊重。但是，有的人却不是这样，总是将自己看作是主人，将自己的合作者看作是"被恩赐者"，因而有意无意地露出一副优越感样子来，不懂得尊重人，缺少一点民主精神，在合作者面前他永远是个指挥者、命令者，让合作者感到很不称心，时间一长，这种合作也将是不欢而散的。

第三，与自己对他人的苛求有关。有的人虽然很有能力，私心也不多，对自己的要求也很严格，但是就是别人不愿意在他手下工作。什么原因呢？就是因为这类人不太懂得"人非圣贤，孰能无过"的道理，往往将对自己的要求也强加到合作者的身上，自己在节假日加班加点，也不让其他人休息，谁要休息，就是想偷懒，就是不好好工作，就批评指责他人。这类人还有一个毛病，即总是将自己的意志强加于人，什么事情都得听他的，都必须按他的意志办事，时间一长，谁能受得了？最后，一定以合作失败结束。

第四，与自己情感上的毛病有关。有的人什么都好，就是太偏执，太怪僻，太凭印象办事。对自己认为是"中意的人"，就一好百好，什么事情都好说，而对那些自己感到"别扭的人"，整天板着脸，总是持一种怀疑、偏见和对抗心理去审视对方的一切，只要是这些人提出的意见，他从内心就反感，更谈不上去共同完成，有时甚至故意找茬发难，在这种状态下彼此怎能合作得好呢？

那么，我们应该怎样加强合作精神呢？

要与他人合作得好，就必须克服自己的私心，不能只顾自己，不顾别人，而是要做到"宁人负我，我不负人"，最起码要做到"利益共享"，人家该得到的就要让人得到，甚至得到的还要多一些。

要与他人合作得持久，就要像唐代大诗人李白所说的那样："不以富贵而骄之，寒贱而忽之"，让他人感到自己也是合作项目的主人，感到很顺心。

要与他人合作得好，就必须做到不苛求合作者（当然，这并不是说对合作者一味无原则地迁就），不吹毛求疵，多一点宽容忍让，做到"勿以小恶弃人大美，勿以小恶忘人大恩"，让合作者感到他工作的环境和谐、融洽，这样的合作才能牢固、长久。

要与他人合作得好，必须要多为他人想一想，多多帮助对方，尤其是当合作者有困难时，更需关心他人，及时地伸出援助之手，让对方真切地感到你在同情他、帮助他，在替他分忧解愁。

要与他人合作得好，必须经常认真反思自己，想一想最近的合作状况。想一想自己有哪些过错，还有哪些地方可以改进……多一点反思，肯定会使与他人的合作更愉快。

自暴自弃的人

这种人在生活中似乎从未有过成功。在他们看来，从来没有人关心过他们；问题、冲突和困难似乎总是压得他们喘不过气来，每做一件事情，他们想到的就是各种各样的失败因素。他们总是觉得自己不行，不如别人，无法接受生活的挑战。他们总是觉得自己处处"不走运"，是生活的牺牲品。

他们一遇到困难，只会唉声叹气："我总是这么倒霉的"、"瞧，我早知道事情会是这个样子"、"我无论做什么都不会成功"、"为什么生活总是和我作对"。他们往往不愿意再作进一步的努力去解决困难和问题，而认为："这有什么用呢？结果肯定还是一样。"

他们遇事常常缺乏活力、激情和动力，一味寻找放弃的借口。他们经历了太多的挫折和失败，所以便形成了一种灰色的生活态度，视生活为自己的敌人，认为自己生来就注定会被阻挠和击垮。

在古希腊神话中，有一个关于西西弗斯的故事。西西弗斯因为在天庭犯了法，被天神惩罚，降到人世间来受苦。天神对他的惩罚是：要他将一块石头推上山。每天，西西弗斯都费很大的劲把那块石头推到山顶，可是，石头又会自动地滚下来，于是，西西弗斯又要把那块石头往山上推。这样，西西弗斯所面临的是永无止境的失败。天神要惩罚西西弗斯的，也就是要折磨他的心灵，使他在"永无止境的失败"命运中，受苦受难。

可是，西西弗斯不肯认命。每次在他推石头上山时，天神都打击他，用失败去折磨他。西西弗斯不肯在成功和失败的圈套中

自暴自弃，他在面对绝对注定的失败时，表现出明知失败也绝不屈服的抗争意志。天神因为无法再惩罚西西弗斯，最终让他回到天庭。

西西弗斯在面对苦难时的奋争，可以解释我们一生中所遭遇的许多事情，其中最关键的是：生活中的困难都是有"奴性"的，如果我们凭自己的努力战胜了它，我们便成为它的主人，否则我们将永远是它的奴隶。

在一次记者招待会上，一名记者问美国副总统威尔逊，贫穷是什么滋味，这位副总统向我们讲述了一段他自己的故事。

"我在 10 岁时就离开了家，当了 11 年的学徒工，每年可以接受一个月的学校教育，最后，在 11 年的艰辛工作之后，我得到了 1 头牛和 6 只绵羊作为报酬。我把它们换成了 84 美元。从出生到 21 岁那年为止，我从来没有在娱乐上花过一美元，每个美分都是经过精心计算的。我完全知道拖着疲惫的脚步在漫无尽头的盘山路上行走是什么样的痛苦感觉，我不得不请求我的同伴们丢下我先走……在我 21 岁生日之后的第一个月，我带着一队人马进入了人迹罕至的大森林，去采伐那里的大圆木。每天，我都是在天际的第一抹曙光出现之前起床，然后就一直辛勤地工作到天黑后星星探出头来为止。在 个月夜以继日的辛劳努力之后，我获得了 6 美元的报酬，当时在我看来这可真是一个大数目啊！每个美元在我眼里都跟今天晚上那又大又圆、银光四溢的月亮一样。"

在这样的穷途困境中，威尔逊先生下决心，不让任何一个发展自己、提升自我的机会溜走。很少有人能像他一样深刻地理解闲暇时光的价值。他像抓住黄金一样紧紧地抓住了零星的时间，不让一分一秒无所作为地从指缝间流走。

在 21 岁之前，他已经设法读了 1000 本好书——想想看，对一个农场里长大的孩子，这是多么艰巨的任务啊！

要想真正地战胜困境，就必须对自己说："我知道我不是困境的牺牲者，而是它们的主人。"

满怀希望积极进取

与自暴自弃的宿命论者相反的是满怀希望的积极进取者。这种人身上的每一个细胞都散发着乐观的气息和充沛的活力。他们希望每一件事情都能如他们所愿，自然而然地取得一个完满的结果。一旦出现了困难或冲突，他们只是将其视作需要自己处理的一个问题、一个学习和成长的机会，并更加努力地去继续争取实现自己的目标。他们感到精力充沛、目标明确、充满活力、朝气勃勃！他们憧憬未来、热爱生活，将生活视为自己的朋友，认为这个朋友会始终带着爱心、理解和关怀去满足他们的种种需求。他们深知并热爱生活的目标，他们意识到生活具有一种不断进步和发展的自然倾向，并懂得与这种自然倾向相统一。在健康方面，他们相信生活的目的本来就是要保持、增强并维护他们体内的每一份活力。在他们看来，生理上的"疾病"只是暂时的，并且很可能是由他们思想上的忧虑所引起的。他们从不允许自己的生活中出现这种忧虑。在思想上，他们严格防范那些与健康、力量和成就相抵触的观念。此外，他们懂得人类最强烈的本能是自我保护和延续生命，他们深信这些想法和信念就代表了最基本的真理。无论在哪一方面，他们都与不断向上的生命动力保持一致。

对那些满怀希望、积极向上的人而言，困难与打击算不了什么。他们只将其视为生活和工作中"需要处理的一个问题"。他们充满信心地去克服它，他们坚信而且深知每一件事情多少都会给他们带来一些好处。因为他们寻找并期待成功，所以往往能够找到成功。他们对成功和收获抱有坚定的信念，并始终把对成功的憧憬和期待深藏在心底。正因为有了这种宏伟的憧憬和期待，他们才会在生活中努力去实现他们的理想。

他们展望成功，拥抱成功并梦想成功——成功在他们看来是如此清晰而真切，于是成功便成了他们生活中唯一的事实。他们让自己的每一种想法都为自己所用，于是他们便能够获得丰厚的收成。他们并不胡思乱想或做白日梦。实际上，他们之所以能够创造成功，是因为他们坚信内心对理想的憧憬和期待并非空想，而是一种创造力，而这种创造力必然会使理想转化为现实。他们严格规定自己的所思所想必须是最美的、最崇高的内容（包括感情、意象和理想），他们已经目睹了别人取得的成就、进步和收获，而且他们知道自己具有和别人一样的生命力，所以他们相信自己也能成功。他们清楚地认识到成功并不仅仅属于上天指派的少数几个人，他们知道只要他们在思想上树立起不断进步、不断发展的目标，并把这种追求化为实践，那么成功就是他们应得的回报。

因此，他们杯子里装的水总是满的，而且会越来越满。当他们杯子里的水满到杯口，快要溢出时，他们并不担心水会外流或浪费，因为他们会本能地换一个更大的杯子。无论遇到什么样的难题、困境或烦恼，他们总是相信会找到解决问题的方法。所以，他们带着对美好前景的憧憬和坚定的信念不懈地奋斗，对周围那些与他们的思想相冲突的观念和看法不屑一顾，努力去体验更多美好的人生。结果呢，生活不断地证明他们的思考方式是人们应有的思考方式——是实现生活的目标所必须具备的思考方式。

睚眦必报的人

别人只不过瞪了你一眼，这样极小的仇恨也要报复——睚眦必报的人，心胸狭窄，免不了处处树敌，自己把自己置入四面楚歌的困境。

莎士比亚有一句名言：不要因为你的敌人而燃起一把怒火，炽热得烧伤自己。纵览古今中外，但凡胸怀大志、目光高远的仁人志士，无不是以大度为怀，置区区小利于不顾。而那些鼠肚鸡肠，斤斤计较，片言只语也耿耿于怀的人，没有一个是成就大事业的人，没有一个是有出息的人。

在待人处世中，肚量直接影响人与人之间的关系是否能和谐发展。人与人之间经常会发生矛盾，有的是由于认识水平的不同，有的是由一时的误解造成的。如果我们能够有宽容的肚量，以谅解的态度去对待别人，就可以赢得时间，使矛盾得到缓和；反之，如果肚量不大，那么即使为了芝麻点大的小事，相互之间也会斤斤计较，争吵不休，结果是伤害了感情，影响了友谊。在这个世界上我们各自走着自己的人生之路，难免有碰撞，即使心地最和善的人也难免有伤别人心的时候。朋友背叛了我们，父母责骂了我们，或爱人离开了我们，都会使我们的心灵受到伤害。

古人说"有容德乃大"，又说"唯宽可以容人，唯厚可能载物"。从社会生活实践来看，宽容大度确实是人在实际生活中不可缺少

的素质。做人要胸襟宽广，要有宽容平和之心，这不仅是一种魅力，更是成功的一种要素。

一个睚眦必报的人，对周围人戒备森严，心胸狭窄，处处提防，他不可能有真正的伙伴和朋友，只会使自己陷入孤独和无助中；而宽宏大量，与人为善，宽容待人，能主动为他人着想，肯关心和帮助别人，则讨人喜欢，易于被人接纳，受人尊重，具有魅力，因而能更多地体验成功的喜悦。

冤冤相报抚平不了心中的伤痕，只能将伤害者和被伤害者捆绑在无休止的怨恨战车上。圣雄甘地说得好：倘若我们大家都把"以眼还眼"式的正义作为生活准则，那么全世界的人恐怕都要变成瞎子了。第二次世界大战后，科学家雷德侯·列布赫也说过这样一句格言："我们最终必须与我们的仇敌和解，以免我们双方都死于仇恨的恶性循环之中。"

在同一联盟内部，宽恕是消除内部矛盾的有效方法；对志趣相投的群体来说，唯有不断地宽容，才能共同取得事业上的成功。

宽容是征服他人的最佳武器

袁绍进攻曹操时，令陈琳写了三篇檄文。陈琳才思敏捷，斐然成章，在檄文中，不但把曹操本人臭骂一顿，而且骂到曹操的父亲、祖父的头上。曹操当时很恼怒。不久，袁绍兵败，陈琳也落到了曹操的手里，一般人认为，曹操这下不杀陈琳难解心头之恨。然而，曹操并没有这样做。他喜欢陈琳的才华，不但没有杀他，反而抛弃前嫌，委以重任。这使陈琳很感动，后来为曹操出了不少好主意。

在美国历史上，恐怕再没有谁受到的责难、怨恨和陷害比亚伯拉罕·林肯多的了。但是根据那些传记中的记载，林肯却"从来不以他自己的好恶来评判别人"。如果一个以前曾经羞辱过他的人，或者是对他个人有不敬的人，却是某个位置的最佳人选，林肯还是会让他去担任那个职务，就像他会派任他朋友去做这件事一样……而且，他也从来没有因为某人是他的敌人，或者因为他不喜欢某个人，而解除那个人的职务。很多被林肯委任而居于高位的人，以前都曾批评或是羞辱过他——比如麦克里兰、爱德华·史丹顿和蔡斯等。林肯相信："没有人会因为他做了什么而被歌颂，或者因为他做了什么或没有做什么而被罢黜。"因为所有的人都受条件、情况、环境、教育、生活习惯和遗传的影响，使他们成为现在这个样子，将来也永远是这个样子。

　　一个人如果心胸狭窄，总是从自私的角度去看问题，是无法得到他人的支持与拥护的。想要有魅力的年轻人要力戒为人褊狭，主张宽容他人，因为只有这样，才能赢得人心。毫无疑问，宽容不仅是习惯，也是一种品德，是年轻人应该养成有助于成功的习惯之一，是年轻人成大事所必备的德行之一。

　　中国人注重"德"，一个人有"德"才能服人。有才无德，这样的人也许可逞一时之势，却不能把握历史的方向，最终还是会被时间所摒弃。正是本着中华的这种"德"而行，多少中华名士，都是用他们身上的美德征服了世人，用他们的宽容征服了世界。

　　宽容的人能以德服人，一个人的品德往往就是一种宽容。能容忍的人，决定了他在别人心目中的位置，而人们在选择自己所追随的目标时，也往往是以"德"字为标准的。

第七章　容易陷入困局的几种人

糊涂有利，较真无益

聪明难，糊涂尤难，由聪明转入糊涂更难。然而，正是因为其难上加难，能否由聪明转入糊涂，便成了大智与大愚的分水岭。

吕蒙正在宋太宗、宋真宗时三次任宰相。他为人处世有一个特点：不喜欢把人家的过失记在心里。他刚任宰相不久，上朝时，有一个官员在帘子后面指着他对别人说："这个无名小子也配当宰相吗？"吕蒙正假装没有听见，就走了过去。

有些官员为吕蒙正感到愤愤不平，要求查问这个人的名字和担任什么官职，吕蒙正急忙阻止了他们。

退朝以后，有个官员的心情还是平静不下来，后悔当时没有及时查问清楚。吕蒙正却对他说："如果知道了他的姓名，那么我可能一辈子都忘不掉。宁可糊涂一点，不去查问他，这对我有什么损失呢？"

北宋名相富弼年轻时，曾遇到过这样一件事，有人告诉他："某某骂你。"富弼说："恐怕是骂别人吧。"这人又说："叫着你的名字骂的，怎么是骂别人呢？"富弼说："恐怕是骂与我同名字的人吧。"后来，那位骂他的人，听到此事后，自己惭愧得不得了。明明被人骂却认为与自己毫无关系，并使对手自动"投降"，这可说是"糊涂术"之极致了。富弼后来能当上宰相，恐怕与他这种高超的"形圆"处世艺术很有关系。

糊涂之理正是一种随方就圆、游刃有余的人生智慧。水自漂流云自闲，花自零落树自眠。于狭窄处，退一步，糊涂一事，得一人生宽境；遇崎岖时，让三分，糊涂一时，开一人生坦途。于是，糊涂成了人生的润滑剂，智者抽身来，抽身去，出世、入世，均通达无碍了。

　　糊涂是一种大智，纵目可及三千里，才能忍得闲气小辱，才能食苦若饴，从中得到滋养；糊涂是一种大智，能容纳天地，才能不为利急，不为名躁，左右逢源，进退有据；糊涂是一种大智，是一种能看破世事，也能看破自己的大智。给自己一个假面，又不怕丢失自己。

　　西方有位智者说，如果大街上有人骂他，他连头都不会回，因为他根本不想知道骂他的人是谁。人生如此短暂和宝贵，要做的事情太多，何必为这种令人不愉快的事情浪费时间呢？这位智者的"糊涂功"的确修炼得颇有城府了，知道该干什么和不该干什么；知道什么事情应该认真，什么事情可以不屑一顾。要真正做到这一点是很不容易的，需要经过长期的磨炼。如果我们明确了哪些事情可以不较真，可以糊涂了事，我们就能腾出更多的时间和精力，全力以赴地去做该做的事，这样我们成功的机会和希望就会大大增加；与此同时，由于我们变得宽宏大量，人们也会乐于同我们交往，我们的人脉就会更加健康顺畅，事业亦伴随他人的帮衬与扶持稳步走向成功。在享受友情、亲情的同时，体验着成功的快感，实乃人生的一大幸事。

第八章 困境能使一个人变得坚强

许多人的一生之所以伟大，是因为他们经历并克服了重大困难。能吃多大苦，就能享多大福。

斯巴昆说："许多人的一生之所以伟大，那是因为他们所经历的大困难。"精良的斧头、锋利的斧刃是从炉火的锻炼与磨削中得来的。很多人，具备"大有作为"的才智，但是，由于一生中没有同"困境"搏斗的机会，没有充分的"挫折"磨炼，不足以刺激其内在的潜能，而终生默默无闻。

困境不全是我们的仇敌，有时也会是恩人。困境可以锻炼我们"克服困难"的种种能力。自然界的大树，不同暴风骤雨搏斗过千百回，树干不会长得结实。人不遭遇种种逆境，他的人格、本领，也不会成熟。一切磨难、忧苦与悲哀，都是足以助长我们、锻炼我们的"增塑剂"。

有许多人不到穷困潦倒，不会发现自己的力量，不经灾祸的折磨，不能发现"自己"。困苦、逆境，仿佛是将生命炼成"美好"的铁锤与斧头，它们能使一个人变得坚强、变得无敌。

卧薪尝胆的勾践

吴越两国本为邻邦，吴国趁越王逝世之际，发兵攻越，结果大败而归，吴王阖闾受伤而亡，从此两国结下了仇怨。其实，这种仇怨的实质，是双方都想吞并对方来扩大自己的领土，增加本国势力而已。

阖闾死后，他的儿子夫差继位。为了替父报仇，他丝毫没有懈怠，经过两年的准备，吴王以伍子胥为大将，伯嚭为副将，倾国内全部精兵，经太湖向越国杀来，越国毫无抵抗之力，一战即败，勾践走投无路，后来走伯嚭的门路达成了议和。

议和的条件是，让越王勾践和他的妻子到吴国来做奴仆，随行的还有大夫范蠡。吴王夫差让勾践夫妇到自己的父亲吴王阖闾的坟旁，为自己养马。那是一座破烂的石屋，冬天如冰窟，夏天似蒸笼，勾践夫妇和大夫范蠡一直在这里生活了三年。除了每天一身土，两手马粪以外，夫差出门坐车时，勾践还得在前面为他拉马。每当从人群中走过的时候，就会有人喊喊喳喳地讥笑："看，那个牵马的就是越国国王！"

这实在是让人难以忍受的了，由一国之君变成奴仆勾践忍了，为人养马备受奴役也忍了，而他之所以会强忍着这所有的一切屈辱，为的就是日后的崛起。勾践的高明之处就在这里，虽面对一切屈辱，但从容自若，因为他非常明白，目前的情况只有忍辱，才有可能日后东山再起，如果不忍，不要说东山再起，恐怕连命都保不住。这似乎与中国传统的大英雄、大丈夫"宁为玉碎不为瓦全"、"士可杀不可辱"的信条有些相背离，这些都是对那些宁死不屈、誓死不降的英雄们的赞语，其大无畏气概固然让人赞叹，但中国还有一句教人处世的俗语是："留得青山在，不怕没柴烧。"后来的那位顶天立地的西楚霸王项羽就给我们留下了很多启示，乌江岸边，乌江亭长热情地招呼他："江东虽小，可足够大王称王称霸，日后也能干一番大事业。"而项羽是个宁折不弯的汉子，哪肯过江呢？他悲愤拔剑自刎身亡。也许项羽过江后楚汉相争会是另一番结果，也许他能一统天下……虽然这些都是也许，可从另一角度看这些英雄人物不妨屈尊一忍，设法日后再重新崛起。

勾践不但性格能忍，而且还工于心计，他抓住了吴国君臣贪财好色的弱点，让留在国内的大夫文种不断地向吴王进贡一些珍禽异兽，瑰宝美女，同时还不断给伯嚭送些贿赂。伯嚭收了越国的贿赂，不断地在吴王夫差面前为勾践说情，吴王夫差对勾践也产生了好感。勾践这一着的确厉害，他以忍来激励自我，同时还用计使吴王君臣纵情声色，荒废朝政。

后来有一个绝好的机会为勾践回国创造了条件。吴王病了，勾践为表忠心，在伯嚭的引导下，去探视吴王，正赶上吴王出恭，勾践便尝了吴王的粪便，然后恭喜吴王，说他的病不久将会痊愈。这件事在吴王放留勾践的态度上起了决定性作用。或许是勾践真的懂得医道能看出吴王的病快好了，或许是勾践有意恭维吴王，或许是上天垂青勾践，总之，吴王的病真的好了，勾践此时已彻底取得了吴王的信任，吴王见勾践真的顺从了自己就把他放了。

勾践在这件事上所表现出来的忍辱的确是一般人做不到的。我们不排除勾践是想尽一切办法回国，但这种行为的确让人自叹

第八章 困境能使一个人变得坚强

弗如。纵观这一时期勾践的忍，是极其恭顺的忍。勾践很明白，这种为人奴仆的生活可能是茫茫无期，也可能近在咫尺。因为这完全取决于吴王，只要吴王高兴，对自己所做的事满意，那么自己则有可能会提前获得自由，所以，勾践极尽恭顺讨好吴王。当然，勾践这里面有阴险的成分，这是人格的问题，我们自然不提倡，但勾践的忍却值得后人敬佩和慨叹！

勾践回国复位后，想到在吴国受的屈辱，内心燃烧着复仇的怒火。但时机并不成熟，他还必须忍耐，努力治理国家，等到兵精粮足时便一举伐吴。于是，他取来猪的苦胆放在座位旁，或坐或卧都要仰视苦胆，每顿饭前尝一点苦胆。他为激励自己复仇的心愿，经常自己问自己："勾践，你忘了会稽山的耻辱了吗？"他还和普通人一样参加农田耕作，让夫人像普通妇女一样亲自纺线织布，吃粗劣的饭食，穿普通衣服，尊重贤才，虚心待贤，救贫吊丧，与老百姓同甘共苦。

身处困局，当形势比人强时，需要坚忍不拔，忍辱负重，其终极目标是为了扭转乾坤。勾践坚韧能忍是为了灭吴兴越，忍到一定程度总有爆发的一天，如果一味地忍下去，则是性格懦弱的表现。勾践终于忍到该向吴国进攻复仇的时候了。结果正如勾践所愿，一战便把吴军杀得大败。这次卑躬屈膝的不再是越王勾践了，而是吴王夫差。夫差也想像当年勾践向自己称臣为奴一样，打算投降勾践。勾践很可怜夫差，想答应夫差的请求，但被范蠡劝住了。最终吴国灭亡了，吴王夫差自杀身亡。当时中原的几个大诸侯国，都处于低潮，不少小国投降了勾践，于是勾践俨然成了最后一代春秋霸主。勾践终于一吐胸中20多年的屈辱晦气，完成了复仇称霸之伟业。

国王、奴仆、霸主把勾践人生命运起伏的轨迹勾画得清清楚楚，难道我们不能从中受到启发吗？

历经磨难的重耳

晋文公重耳之所以能称霸诸侯，主要得益于他在困境面前的百折不挠、坚忍不屈。他曾在外逃亡十九年，历尽艰辛，后来终于回国当了国君，试想如果没有坚强的个性和不屈的精神，又怎能成功呢？

晋文公在未流亡之前没有受过多大的磨难。他父亲晋献公的前半生曾是一位较有作为的君主，他把晋国治理成了北方的大国。但晋献公晚年却犯了一个巨大的错误，唯夫人之言是听，这也难怪，在那个时代有身份有地位的男人有三妻四妾是常事，而且还引以为荣，这也是时代的产物。

晋献公晚年宠爱年轻貌美的骊姬，这个骊姬倒也有手段，害死了太子申生，又要害重耳，重耳只得逃往外地。应该说，骊姬在某种程度上还帮了重耳，如果没有她的迫害，重耳不可能流亡在外，没有机会历练出成就大事的本事，也就没有办法当上晋国的国君。如果哥哥申生继位，重耳最多能当亲王。但历史选择了重耳流亡的命运，流亡并没有使他消沉，反而成熟了他的思想，磨炼了他的意志，净化了他的人格，造就了他，继齐桓公之后成为第二个春秋霸主。

晋献公死后，秦国和齐国插手晋国另立新君的事，都想从中捞到好处。于是他们共同立了狡诈残忍的夷吾为晋国新君，这位新君总觉得重耳在外是个心腹大患，就派人追杀他。可怜流亡在外的重耳先是遭到父亲宠姬的迫害，这次又要遭到自己弟弟的追杀，不得不亡命天涯。这也不足为怪，在那个时代为争夺皇位，手足相残的何止一二，可问题偏偏出在重耳并没有与弟弟争夺晋国国君之位，而且还流亡国外，从情理上应该躲过这一劫。

众人拾柴渡难关

　　一个人纵然意志再坚强，品质再优秀，也需要有人帮助才能成就大事，尤其是在艰难时期勾践再能忍，如果没有文种和范蠡的帮助，也可能变成孤魂野鬼。重耳也不例外，他手下也有一些忠直之臣追随他，其中比较著名的有狐毛、狐偃、狐射姑、先轸、介子推、颠颉等人，这些人有胆略，有才能，他们追随重耳在狄国住了十二年，不仅如此，重耳在狄国的妻子也是深明大义之人，当重耳得知夷吾要派人刺杀他，准备逃走时，对妻子说："如果过二十五年我不来接你，你就改嫁吧。"妻子却说："好男儿志在四方，你放心走吧。我现在已经二十五岁了，再过二十五年就是五十岁的老太婆了，想改嫁也没人要。你不用担心我，尽管走吧，我等着你。"由于夷吾派来的刺客提前一天赶来，重耳未来得及收拾好行装就匆匆忙忙逃走了，所以重耳一行人不得不到处乞讨。贵为一国公子，落难之时，到处乞讨活命，需要有绝大的勇气，更要有坚韧的性格。两种生活境遇，犹如从天堂跌入地狱，如果没有坚强的性格，又怎能承受得了？重耳承受住了苦难和屈辱，后来才做了春秋霸主。

　　重耳一行人打算去齐国，但必须经过卫国。卫君是个很势利的人，见重耳是落难之人，不想帮他，便不让他从卫国通过。这并没有难住重耳一行人，他们只好绕行，实在饿得忍受不住了，只好向农夫乞讨，农夫有意嘲笑他们，递过了土块，幸亏被一位智慧的大臣巧妙地化解了。人在难处时，有意想不到的困难，没有碰不到的困难。当重耳饿得头晕眼花时，一位大臣给他端来一碗肉汤，他喝完了才知道肉是从大臣腿上割下来的。想一想这种苦难能有几人受得了！重耳却受住了，或许他知道自己不能就这么消沉。

成就霸业显身手

一个人的性格只有在特殊的环境中才能表现出来，坚韧性格也同样如此，如果太平盛世，百姓安居，自己安安稳稳地做太平皇帝又何来磨难呢？颠沛流离，朝不保夕，重耳没有消沉下去，而是一直在寻找复出的机会，等待东山再起。

多年的流亡生活不但磨炼了重耳的意志，而且他还有一个更大的收获，那就是丰富的政治经验，因为在当时用句时髦的话说就是"国与国之间斗争形势复杂"，在这种形势下除非有绝对的军事实力和经济实力，不然，不用说称霸诸侯，恐怕保住领土和政权完整就算不错了。重耳就是在这种形势下流亡各国的，虽历经磨难，但也使得他变成了一个成熟的政治家，在复杂的争斗环境中游刃有余。例如，重耳流亡到楚国时，楚成王把他当成贵宾接待，重耳对楚成王十分尊敬，两人成了好朋友。当时，楚国大臣子玉要杀掉重耳，以除后患，但被楚王阻止了。有一次宴会上，楚王开玩笑说："公子将来回到晋国，不知拿什么来报答我？"重耳说："玉石、绸缎、美女你们并不缺，名贵的象牙、珍奇的禽鸟就出产在你们的国土上，流落到晋国来的不过是你们的剩余物资，我真不知拿什么来报答您。托您的福如果我能回到晋国，万一有一天两国军队不幸相遇，我将后退三舍来报答您。如果那时还得不到您的谅解，我就只好驱兵与您周旋了。"虽只是开玩笑，但这一提问也是一个很难回答的问题，弄不好也会使楚国君臣不悦，严重可能会有性命之忧，况且楚国大臣本来就反对重耳，要杀掉他。应该说他的回答是得体的，后来为了称霸诸侯，晋、楚两国果然兵戎相见了。晋文公忧心忡忡，面对来犯楚军，连忙下令晋军"退避三舍"。晋军很不理解，狐偃就让人向军士广为宣传，说这是晋文公为了报答楚王的恩惠，实现以前的诺言。而实际上，这是激将法，激励晋军士气，树立晋文公的威望。从军事角度看，晋军后退可使楚军轻敌，避开楚军的锐气。因此，晋文公的"退避三舍"是以退为进的策略，实在是一箭双雕的高明之举。

后来，重耳在秦国的帮助下果然当上了晋国国君，即晋文公。晋文公 43 岁外逃狄国，55 岁到了齐国，61 岁到了秦国，即位时已 62 岁了。流浪 19 年，虽说他在齐国时有一段安定的生活，但总的来说过的是寄人篱下、颠沛流离的日子，受尽了人情冷暖，尝尽了世间的酸甜苦辣，见识了各国政治风云，锻炼了治国平天下的才能，终于把自己磨炼成了一个有为之君。

纵观晋国由乱到治的过程，确实引人深思。晋文公及其 19 年的磨炼，为他创造霸业准备了良好的客观条件，所以晋文公称霸也并非偶然，是各方面因素积累的结果。

毫不夸张地说，是困境成就了重耳的千秋霸业，这正如千锤百炼磨砺出宝剑的锋芒。在重耳流亡时，他缺吃少穿不说，还要对付各种追兵，诸侯各国的歧视，这一切困难都没有动摇重耳称王称霸之心，逆境更能让人学习本事，其结果无疑是成功的。但又有多少人能经受住肉体和精神的双重磨难呢？

晋文公的流亡、登基、称霸之路无一不是在困境中步步艰难地走出来的，可现实中的那些失败者又有谁经受住了远不及晋文公的磨难呢？这的确引人深思。

一把剪刀闯江湖的曾宪梓

穷且益坚，少年大志

1934年2月2日，曾宪梓出生在一个贫苦家庭里。4岁时，父亲去世。他和9岁的哥哥曾宪概，在母亲的拉扯下过着半饥半饱的日子。艰苦的生活使他深切地感受到贫穷的滋味，面对困境他总是捏紧拳头暗暗发誓，长大后一定要好好奋斗，一定要过上富裕的生活。

1945年，抗战胜利后，年仅16岁的哥哥曾宪概走上了父亲当年的道路，跟着叔父一家去了泰国。家里只剩下小宪梓和母亲相依为命。小学毕业后，母亲实在供不起他读书了。为了分担生活的重压，不到12岁的他开始放牛砍柴、下地耕田，做起了地地道道的农民。直到1949年解放，在土改工作队员的帮助下，小宪梓才得以重新入学。

经过几年的努力，曾宪梓终于以优异的成绩考入梅县重点中学——东山中学。第一次高考，曾宪梓落榜了，他决定重新开始，经过一年的努力，他终于考入中山大学生物系。

入学不久，中山大学的学生便加入到抢修铁路的工作中。一二百斤重的石头，压断了一根又一根扁担，没有工具，抢修工

作不能如期进行。曾宪梓非常及时地发挥了他的一技之长。早在中学读书的时候，学校附近有一家竹器店，每有空暇，他总喜欢到店里去看看，没过多久就掌握了其中的诀窍，没想到居然还派上了用场。曾宪梓马上砍竹子，做成许多扁担、箩筐，使工作顺利完成。

劳动结束后，学校的基建工作还需要箩筐、扁担，因为这一次是曾宪梓利用休息时间编织的，所以学校主动支付工钱，每做一副5角钱。曾宪梓利用空闲时间在宿舍里不停地做，赚的钱寄回家，为母亲和妻子帮补家用。

半年后，学校有人提意见认为曾宪梓的钱挣多了，曾宪梓便没有再做下去。但没过多久，曾宪梓又开始用空余时间写钢板，刻讲义。他起早贪黑，不停地干，不仅学习成绩好，而且钱也赚得特别多。当时的一个大学助教，月薪不到60元，而曾宪梓刻1个月钢板，月薪可以超过80元。

因此，又有人提出异议："曾宪梓太会赚钱"、"曾宪梓的钱赚得太多了"。既然老师和同学们都是这样贫苦地过日子，曾宪梓认为自己也不应该挣这么多的钱，所以也就停止了刻钢板的课外活动。

1961年秋，曾宪梓从中山大学毕业。因为妻子黄丽群在广州一家公司从事会计工作，所以曾宪梓留在了广州，被分配到广州农业科学院的生物化学研究所工作。

艰难创业，不畏坎坷

1945年跟叔父去泰国闯天下的曾宪概，在十几年之后得知当年父亲留有两间店铺托叔父掌管。为了要回父亲留下的遗产，曾宪概与叔父发生了争执，双方闹得很不愉快，哥哥便急切地要曾宪梓到泰国来。

到了泰国之后，曾宪梓立刻去看望了叔父、婶婶，然后住在哥哥家里。经过了解，曾宪梓才知道事情的来龙去脉。看见哥哥和叔父为了钱反目成仇，曾宪梓深感痛心。他在心里告诫自己：叔父虽然是有钱人，我们是穷人，但是我们千万不能因为自己贫穷就丧失志气，千万不要让叔父以为我来泰国就是为了争夺家产。因此，一贫如洗的曾宪梓当面表态不要家产，这大大出乎叔父、婶婶的意料。通过自己的努力，曾宪梓终于化解了这场不必要的斗争。

曾宪梓决定马上熟悉环境，拜叔父和哥哥为师，跟他们学习从商的本事，再靠自己的努力打好基础。这以后，曾宪梓往返于香港和泰国之间，做一些小买卖。在哥哥与叔父之间，曾宪梓采取中立态度。

有时候，哥哥叫曾宪梓在香港替他买领带。曾宪梓在替哥哥采购领带的过程中，有机会接触到比较冷门的领带行业。虚心好学的他也在采购的同时了解到领带制作及其运作的全部过程，为后来的创业做了很好的铺垫。经过曾宪梓几年的努力，叔父、哥哥和他三方面的关系也渐渐融洽起来。

这时，妻子和儿子也从大陆辗转来到泰国，一家人终于团聚了。在哥哥的执意要求下，曾宪梓一家寄居在哥哥家里，与哥哥联手创业。

哥哥家是一个泰国式三层高的木楼。第一层是门面，用于做生意，第二层住人，第三层则是工厂，用于领带的制作。曾宪梓就在三楼帮哥哥管理工厂。在哥哥领带工厂里有个经理，看到曾宪梓将工厂管理得井井有条，害怕自身利益受到威胁，常在哥哥面前说曾宪梓的坏话:"哎呀,你那个弟弟好厉害,又能干,又有本事,这样下去怎么得了!将来你的工厂不就变成他的工厂了吗?"

如此一来,曾宪梓的哥哥、嫂嫂开始对他怀有戒心了。

曾宪梓不愿看人的脸色行事,于是另找住处。等到一家人安定下来之后,他已身无分文。他抱着一线希望来到哥哥家借钱,不料哥哥竟拒绝了。万般无奈之下,曾宪梓只好用极低的价钱变卖了他的所有财产,一只普通手表,一部普通相机,再找客家乡亲借了台缝纫机,由此开始了他独立制作领带的生涯。

曾宪梓到唐人街的布行买回便宜的泰国布,然后自己设计、自己裁、自己剪、自己缝,再用很低的价钱拿到泰国的旅游区和唐人街上同乡的公司里面去卖,以求换一点微薄的口粮,维持生计。但是因为没有本钱,加之购入的布料也很便宜,所以能够赚到的钱十分有限。

在此期间,曾宪梓的叔父听说了曾宪梓和他哥哥不和,并从公司里搬出来,生活十分贫困,就想接济他。曾宪梓婉言拒绝了他的美意。叔父安慰曾宪梓说:"既然是这样,你就放心地去香港发展吧。你这样努力,将来肯定会好起来的。"

1968年初春,春节即将来临之时,曾宪梓和家人来到了香港。正当曾宪梓为生计而愁眉不展的时候,叔父从泰国汇来10000港元。曾宪梓花了4000港元,将家收拾停当,用剩下的6000港元开始创业。他决定从泰国进口领带原料,在香港开设工厂,开始他制作领带的生涯。

当初曾宪梓替哥哥和叔父打理业务时,认识了香港许多领带制作商、批发商,耳濡目染之下,他对制作领带有了一定的认识。他逐渐掌握了领带用料、领带设计、领带制作等一系列的知识,为在香港的发展奠定了基础。

　　曾宪梓的金狮领带厂正式开业了。由于原料在泰国，曾宪梓自己充当设计师，他画好图，设计好花形，然后寄给叔父，请叔父帮忙让泰国的丝织厂织，织好后叔父再用邮包寄到香港来。

　　为了节约有限的资金，曾宪梓只买了一个熨斗、一把尺子、一把剪刀以及一台市面上最便宜的脚踏式缝纫机，再加上自己买来木板、角铁自行装嵌与焊接的裁衣板，这几样东西拼在一起就是他的工厂，就是他养家糊口的全部家当。

　　即使这样，曾宪梓还是很严谨地布置他的生产车间。其中包括布料的裁剪、领带的熨烫、包装以及来料及成品的储存等，一切都有条不紊。

　　他每天早上 6 点钟就起床，开始裁剪布料、缝制领带的一系列工作。吃完午饭之后，他就开始出门推销领带。

　　20 世纪 60 年代末期，香港经济陷入低潮。在这样的社会环境和经济环境下，人们的思想还停留在对未来、前途的担忧上，衣着打扮并未引起人们的普遍重视。这种情况对以制作、出售领带为生的曾宪梓来说可谓步履维艰。

　　为了生活，曾宪梓不得不忍受各种各样的冷嘲热讽，因为那些有钱有势的人看不起他的种种举动。在推销领带过程中，曾宪梓学到了很多东西：做买卖其实最重要的就是做人，只要你诚实谦虚待人，别人就不会讨厌你。不要为了钱去欺骗人，要真心地对待每一个可能成为你客户的人。坚持一直这样做下去，肯定会取得好成绩。

　　在外出兜售的日子里，他虽然吃了很多苦，却掌握了很多销售经验。每到一个地方，曾宪梓就会习惯性地很有礼貌、很尊敬

地问他的客户："老板，这些领带买不买没有关系，你先慢慢看看。不知道我的这些领带对你合不合适，不过你喜欢就买，不喜欢就不买。"

这样一来，曾宪梓每天销售领带的数量都能超出他的计划，一个月勤勤恳恳做下来，就能够积攒一些微薄的收入。

转眼间曾宪梓出外推销领带已经半年了。在这半年的时间里，曾宪梓通过自己的努力已经成功地制作和销售了 10000 条领带。

他开始思索该怎样增加自己的客户，扩大自己的销售圈子，该怎样为自己解决长期稳定的客源。曾宪梓想到，在衣着打扮方面，男性跟女性不一样。女性有款式多样、色彩缤纷的服装，不断地为自己装扮；而男性则不同，他们除了在领带方面为自己做一些色彩和款式方面的变换之外，在外形服装方面很难有新的改观。

所以，男性如果希望在外形上丰富起来，必然会为自己选择一条能适合自己、真正显示自己男性魅力的领带。曾宪梓由此认定，在香港繁华的服装市场中，生产和经营中高档领带将是一个独具魅力的空白地带。

事实证明，曾宪梓的决策非常正确，他生产的领带在市场上迅速走红，事业也因此而走上了健康的快车道。

经营之神松下幸之助

从一个家境贫寒、只读到小学四年级、年仅 9 岁就远离家乡到百里之外的城市"打工"的命运弃儿，到成为令全世界瞩目的松下电器总裁和董事长，松下幸之助走过了一条怎样艰难曲折的道路？

松下幸之助曾被美国《时代周刊》尊称为"经营之神"与"管理之神"，还曾被日本高中生评选为"最尊敬的人"。他现在不仅是日本国民精神的象征，也是世界上众多青年争相学习的楷模。他那近乎传奇的创业故事，激励与鼓舞了一代又一代人的创业。

松下幸之助已经不再只是一个称呼，它还被赋予了更深层次的含义：一种拼搏向上、不屈不挠的精神；一种爱民爱国、尽心敬业的品格；一门经营与管理的学问。有人说松下幸之助的一生简直就是一个阿修罗（战争之神），不管白天还是黑夜，他总是在不停地战斗，为了自己的理想、荣誉，为了日本的繁荣、富强而不停地战斗。

松下幸之助于 1894 年出生在日本歌山县的一个乡村。4 岁那年，一场罕见的龙卷风袭击了歌山县，将松下幸之助家的房屋摧毁。紧接着，他的父亲松下正楠因做投机生意而将祖传的土地赔得一干二净。

仿佛一夜之间，天灾人祸接踵而至，松下幸之助原本殷实的家庭，落入上无片瓦、下无寸地的境地。无奈之下，正楠携全家迁至歌山县谋生。

正楠蒙朋友的帮助，在歌山县开了一家小店。但由于他经营不善，小店不久就关了门。雪上加霜的是，同一年，松下幸之助的大哥、大姐和二哥死于流行疾病。这样，正在"雄寻常小学校"读一年级的松下幸之助，成了多灾多难的正楠夫妇唯一的儿子。

次年，松下正楠为生活所迫，只身离家前往大阪，并在大阪找到一份稳定的工作，他用这份工作的微薄收入，维持着远在歌山县的妻儿的生活。

1904 年深秋，读小学四年级的松下幸之助接到父亲正楠的来信。正楠在信中要求松下幸之助放弃学业，前往大阪一家火盆店当学徒。

就这样，年仅 10 岁的松下幸之助离开母亲，独自踏上开往大阪的火车。

大阪的那家火盆店是一家自制自售的家庭小店，老板宫田带两个工人在作坊做火盆，然后摆到店面销售。做火盆是技术活，还轮不到新学徒上手。松下幸之助唯一能接触火盆的活是擦亮火盆。他用禾砂纸磨掉盆面的毛刺，然后用干草抛光。上等火盆，光是抛光，就得费一整天工夫。松下幸之助细嫩的小手很快就磨破了，并且红肿得像馒头。时值初冬，早晨用凉水洗漱时，皲裂磨破之处揪心地疼痛。

松下幸之助哭着去了父亲做事的盲哑院。父亲轻揉着儿子的手说："要坚持住，吃得苦中苦，方为人上人。"他狠心地把儿子送了回去。

松下幸之助最难过的一关，大概是忍受不了孤独。10 岁，本是在父母膝下享受疼爱的年龄，可他却要独立谋生。每晚店铺打烊就寝后，松下幸之助便想起母亲，哭个不停，然后在抽泣声中坠入梦境。有时会在梦中惊醒，又是不停地哭泣流泪。这种好哭的毛病，在他第一次领到薪水时才稍稍改观。他意识到自己能赚钱了，应该学学大人的样。

永不绝望

任何创业伊始，除了决心之外，都会面临资金、人员等问题，松下自然也不例外。

松下的创业资本不到 100 日元，按照当时开办小型工厂的惯例，这一点点资金只能是杯水车薪，买一台机器或做一套模具都不会少于 100 日元。这一点资金，就想办成一家小型工厂，并且出产品，只要稍稍做一点财务预算，就会得出结论：注定是不会成功的。松下后来这样回忆说："这样做未免太轻率了，可是当时的我却不这样想，反而精神抖擞，觉得前途充满希望与光明。"

松下的不到 100 日元的资金，怎么节省都不够用。就在他们一筹莫展之际，终于向朋友借到宝贵的 100 日元。有了这 100 日元，加上原有的，资金的问题总算勉强解决了。

经过 3 个月紧张的工作，松下的家庭作坊终于在 1917 年 10 月中旬生产出电器插座。

接下来是产品的推销。一连 10 天，松下的合伙创业者森田君不停地在大阪奔波，好不容易卖了 100 来只，收到的现金还不到 10 元。汇总各电器行反馈来的意见，结论是：这种插座不好用。

这种结论无疑暴露了产品设计的最大弱点——没能站在客户的立场考虑问题。松下最早是这样想的：你用那种形式的插座能接通电源，那么，我采用这种形式的插座能不能接通电源？试验得出的结论是：能。但有没有市场前景呢，松下没考虑过这些问题，这些道理是在这次惨败之后才悟出的。

斗志昂扬

从 1917 年 7 月到 10 月，松下幸之助投入了所有的创业资金，却只回收了不到 10 日元的资金。但他并没有因首战失利而绝望，相反，他还是如最初那样斗志昂扬。他的下一步准备是从产品改良着手，试图用高性能的产品改善销售的窘境。

然而，产品的改良是需要资金的。此时的松下幸之助已经到了连吃饭都成问题的地步，到哪儿去筹这笔钱呢？

时间一天一天过去了，原先雄心勃勃的合作伙伴森田君和林伊三郎不得不为了生计，离开了松下幸之助的电器制作所。

松下幸之助会退缩吗？不，他不会。他仍然独自地、默默地、苦苦地支撑着他的事业。

眼看年关快到了，那一年，大阪的冬天格外冷。松下幸之助的改良新插座制作因资金匮乏陷于停顿，照这样硬撑，家庭工厂在来年只有关门这条路了。但是天无绝人之路——12月份的一天，松下非常意外地接到某电器商会的通知：急需1000个电风扇的底盘。对方说："时间很紧，如果你们的产品质量良好的话，每年需要两三万台的批量都是有可能的。"

松下并不知道他们是如何找到他这家濒于倒闭的家庭小作坊而下订单的。在第二次改良插座之际，他曾去过一些电器行做市场调查，也为第二次产品的销售事先联络感情。松下只是介绍他准备推出的新型插座，压根没谈及过电风扇底盘。

电风扇底盘是由川北电器行订购的。他们原来用的底盘是用陶器制作的，既笨重，又容易破损，于是，才想到改用合成树脂。他们挑选了好几家制造商，最后才确定为松下的这家家庭工厂。这是因为他们认为松下生产的插座不好使用，但作为原料的合成树脂本身却没有问题；松下的家庭工厂没有正规产品，因此会全力以赴地制作电风扇底盘。为此，他们还暗地里来探视考察过。那时候，大阪的电器制造厂家大都小打小闹，不过松下的小作坊还不算特别寒碜。

松下马上把改良插座的计划搁下，全身心地投入到底盘制作中。妻子井植梅之作出重大牺牲，把陪嫁首饰押到典当铺去。松下凭着这点珍贵而又可怜的资金，找模具厂订做模具。一连7天，松下都蹲在模具厂一个劲地亲自监督模具的制作。

这可是千载难逢的生意，如果耽误了，以后就不会有第二次。模具做好后，压制了六个样品送往川北电器行鉴定，他们说："可以，请立即投入批量生产，12月底先交1000只。如果好，紧接着再订购四五千只不成问题。"

松下带着内弟井植岁男投入制造，披星戴月。当时的设备只有压型机和煮锅。岁男刚刚15岁，个子特别矮小，力气也小，因此，压型全由松下一人担当。当时的压型机还没有配动力，全靠手工，这可是件笨重的体力活，对体弱的松下来说，实在是勉为其难。松下一心为赶时间出产品，并不觉得十分苦。岁男负责将成品擦亮，松下调料时他蹲在地上烧火。整个车间烟雾弥漫，刺鼻且有毒的柏油气味熏得人眼泪鼻涕淋漓俱下。

每天的进度是100只，不到月底，终于把1000只订货交清。电器行的职员满意地说："不错不错，川北老板一定会很高兴，我们会再给业务让你们做。"

松下收到160元现金，除去模具材料等费用，大约足足赚了80元钱。这是松下家庭工厂第一次盈利，喜悦之情，难以言表。

松下幸之助在一次演讲中谈到"永远不要绝望"这一话题时，有一位年轻的听众问到如果做不到怎么办。松下幸之助斩钉截铁地回答："如果做不到的话，那就抱着绝望的心情去努力工作。"

1945年8月15日，日本无条件投降，战争结束了。第二天，松下幸之助把全公司干部都集合在礼堂，宣布立即由军需生产转变为民生必需品的生产方针。但驻军总部陆续发表了战后处理与民主化的政策，基于这些政策，日本的政治经济和人民生活，受到了动摇。松下电器在一纸命令之下，不得不停止生产民生必需品的计划。松下幸之助不再保持沉默，立刻命令干部，向有关单位提出强烈抗议。经过再三说明，终于在 9 月 14 日核准收音机生产，其他产品也陆续得到准许。到了 10 月间，整个工厂已经完成了生产准备。

1945 年 11 月，开始战后第一次销售收音机、电炉等产品。由于这一段时间的人事费用及转变生产所需费用的增加，销售额一个月不到 100 万日元，借入的款项已达 2 亿日元以上。每个月光是利息，就得负担 80 万日元以上。设备不足、原料供应困难，引起效率低下。种种恶劣条件加在一起，使得生产无法如期进行。然而，松下幸之助深信经营将会好转。这次困难，完全是经济混乱的缘故，受影响的并非只有松下一家，只要全体员工同心协力，必然能打开一条光明大道。

当时有不少工会采取破坏性行动，但松下电器公司的融洽劳资关系，从未因此而丧失相互间的了解与协调，因而能在社会经济混乱的时代，一面提高劳动条件，一面为扩大松下电器的发展基础，合作无间。然而由于薪水不断调整，产品却被控制在公定价格之内，松下电器生产的产品愈多，辞职的员工愈增加，局面非常艰苦。

1946 年 3 月，松下电器被盟军总部指定为"财阀"，一切和松下电器及其子公司有关的资产，全都被冻结了。松下幸之助认为这项指定莫名其妙。松下幸之助并不是财阀，他拥有股份的公司在战争期间虽多至 30 家，但就规模而言，把这些子公司全部加起来，还不及其他财阀的一家子公司。松下电器公司，是松下幸之助这一代白手起家建立起来的，不过二十多年的历史，等于通常一家电器厂扩大而已，跟现在财阀而且经过好几代的情形不同。平时的营业项目属于和平用途的家电产品，过去在军方的要求下参加军需工业，但也为此举债，成了战争受害人，被指定为财阀完全错误，必须加以纠正。以后 4 年，松下幸之助去东京驻军总部共 50 多次，不断提出抗议。

在他的坚持下，终于在 1949 年底获得了"财阀"的解除令。至于限制公司的指令，也在 1950 年解除，松下电器终于能够自由地展开企业活动了。

1948 年 1 月，松下电器又遭遇到另一个新的危机。为了抑制战后严重的不景气，政府从 1948 年春天起，开始紧缩金融，因此物价上升的趋势缓和了许多。然而产业界却遭到了严重的资金困难，企业纷纷倒闭。松下电器在 1946 年初的每月销售金额为370 万日元，到了 1947 年，已经增长到每月 1 亿日元。但进入1948 年之后，增长就开始缓慢下来了。当年秋季，资本金仅有4630 万日元的松下电器，借款已高达 4 亿日元，而且还有 3 亿日元的未付支票、未付款项，使得员工薪水，不得不从 10 月份起分期付款了。在这期间，松下幸之助从银行融资贷款 3 亿日元，希望谋求改善。由于产品预期涨价比原来预定晚了很多，好不容易借出来的资金，为弥补一时之急，几乎都用光了。第二年的情况更加恶化了，松下幸之助发表了重建经营的根本方针，也就是进行工厂的整顿，仅留下一些优良产品，采取集中生产的方式，以降低成本，再加强促销，才将局势扭转过来。

铁窗硬汉曼德拉

有人说，在当今的国家元首中，没有一个人能够像南非总统纳尔逊·曼德拉那样荣耀。的确，这个有着传奇经历的黑人领袖，一生中获奖无数，尤其是诺贝尔和平奖，更使他蜚声全球而显得无上光荣。

1918 年 7 月 18 日，南非特兰斯凯省乌姆塔塔的一个滕布族酋长家添了个男孩，这个男孩子就是纳尔逊·罗利拉拉·曼德拉。

滕布人居住在群山环抱的山坡上，他们的村落里有一座座粉刷雪白的茅屋，四周种满了金合欢树，村子的外面是一块块玉米地，曼德拉就是在这个和平、宁静的山谷中度过了自己的童年。

到了读书的年龄，曼德拉进了当地一所白人传教士开办的教会学校，从教会学校毕业后，考入南非唯一招收黑人学生的黑尔堡大学。随着知识的不断积累，曼德拉却越来越陷入一种心灵的迷茫之中，300 多年的种族隔离，使生活在南部非洲这个三面环海的国家的黑人和其他有色人种，备受歧视和压迫。于是他开始义无反顾地投身到反对白人种族主义统治的学生运动中。不久，虽然他读书非常用功，但学校还是因他参加学生运动将他除名。这时候部落的长老建议他回去继承酋长的职务，但曼德拉拒绝了，他已下定决心要献身南非人民的解放事业。

1941 年，这个身材魁伟的黑人酋长的儿子，从他世代居住的山谷，来到了南非第一工业大城市——约翰内斯堡，并在那儿加入了维护非洲人利益的组织——非洲人国民大会（简称"非国大"），不久他就成了"非国大"的领导成员之一，从此开始了他职业革命家的生涯。

1952年南非当局颁布歧视性质的"人口登记法"。为了抵制这个法令，曼德拉发动了"蔑视运动"，号召黑人罢工罢市，示威的黑人群众成群结队地涌进专供白人使用的公共场所。这是南非有史以来第一次有组织地反对种族主义的群众运动，它的浩大声势使白人当局惊恐万分。于是政府下令禁止曼德拉参加政治活动，但"非国大"却因曼德拉成功领导"蔑视运动"，而选举他为这个组织的副主席。

1958年曼德拉因参加政治运动被关押，从监狱中被保释出来后，他利用仅有的四天假期和温妮结婚，婚礼先在女方家中举行，按照当地的传统，另一半的婚礼应在男方家里举行。但因为时间不允许，另一半婚礼没有举行，曼德拉不得不告别妻子回到狱中。为此温妮一直珍藏着那半块婚礼蛋糕，她等待着与曼德拉相聚的那一天。

1960年，南非警察开枪镇压示威群众，不久又下令取缔了"非国大"。"非国大"开始转入秘密活动。为应对形势的变化，曼德拉着手建立了被称为"民族之矛"的军事组织，并亲自担任总司令。为了掌握武装斗争的策略，曼德拉在这一时期阅读了克劳塞维茨、毛泽东和格瓦拉等人的著作。为了争取国际社会对"非国大"的支持，曼德拉还多次秘密出国访问，会见了许多非洲国家的领导人。1962年8月5日，曼德拉在约翰内斯堡附近被捕，从此开始了他长达27年的铁窗生涯。

在狱中曼德拉先后读完了伦敦大学法律、经济和商学专业的课程，还自学了一门外语。

曼德拉不仅坚持学习，而且利用一切机会和囚犯交朋友，给他们讲述反对种族隔离的道理。由于他经常领着难友与当局斗争，南非当局只好把他秘密转移到开普敦的中央监狱。当局表示只要他放弃武装斗争，就恢复他的自由，但是曼德拉坚定地回答："自由决不能讨价还价。"

感恩与宽容

1990年2月11日，开普敦监狱大门打开了，年已71岁的曼德拉走出牢门，这天世界各国派来采访他的记者多达2000人，曼德拉出狱的第一张照片被人用百万美元买走。出狱后，曼德拉成为非国大的主席，继续领导反对种族隔离制度的斗争。他率领代表团与总统德克勒克为首的白人政府代表团进行谈判，经过不懈努力，最终促使政府逐步放宽种族隔离，并同意组织南非第一次真正意义上的全民选举。

1991年曼德拉当选总统，他在总统就职典礼上的一个举动震惊了整个世界。就职仪式开始了，曼德拉起身致辞欢迎他的来宾。他先介绍了来自世界各国的政要，然后说，虽则他深感荣幸能接待这么多尊贵的客人，但最高兴的是当初他被关在监狱时看守他的3名前狱方人员也能到场。他邀请他们站起身，以便能介绍给大家。

曼德拉博大的胸襟和宽宏的精神，让南非那些残酷虐待了他27年的白人汗颜得无地自容，也让所有到场的人肃然起敬。看着年迈的曼德拉缓缓站起身来，恭敬地向3个曾关押他的看守致敬，在场的所有来宾以至整个世界，都静下来了。后来，曼德拉向朋友们解释说，自己年轻时性子很急，脾气暴躁，正是在狱中学会了控制情绪才活了下来。他的牢狱岁月给了他时间与激励，使他学会了如何处理自己遭遇苦难时的痛苦。他说，感恩与宽容经常源自痛苦与磨难，必须以极大的毅力来训练。

他说起获释出狱当天的心情："当我走出囚室、迈过通往自由的监狱大门时，我已经清楚，自己若不能把悲痛与怨恨留在身后，那么我其实仍在狱中。"

幽默与风趣

曼德拉有一次在全非洲领导人参加的重要会议上演讲，因为年龄大了不小心把讲稿的页次弄乱了。这本来是一个很尴尬的事情，但是曼德拉却不同，他一边整理讲稿一边风趣地说，你们要原谅一个老人把讲稿的页次弄乱，不过我知道在座的有一位总统，也曾经把讲稿弄乱，但是与我不同的是，他没有发现而是照样往下念。会场顿时响起经久不息的掌声，因为演讲中断而带来的尴尬也烟消云散。到演讲结束的时候，曼德拉又来了一次幽默。他说："感谢大会授予我卡马勋章，我现在退休在家，如果哪一天缺钱花了，我就拿到大街上去卖，我知道在座的有一个人一定会花大价钱买的，他就是我们的总统姆贝基。"姆贝基和在座的所有人都被曼德拉的幽默而感动，他们起立为曼德拉鼓掌，目送这位风趣的老人退场。

曼德拉的幽默和风趣，来自他坎坷多难的人生历程。这个南非的民族斗士，28年被关押在荒凉的罗本岛上与世隔绝。他正是在漫长的牢狱生活中锤炼培养了乐观豁达风趣的品格，从而使自己笑傲苦难。

1975年的时候，被当局关押了12年的曼德拉被允许会见已

第八章　困境能使一个人变得坚强

经 15 岁的女儿。曼德拉入狱的时候女儿才 3 岁，显然她不会记得父亲的任何形象了。曼德拉为了给女儿一个全新的形象，特意穿了很规整的衣服，理了发。当与女儿见面的时候，他指着寸步不离的看守对女儿说：你看到爸爸的卫兵了吗？已经读高中的女儿虽然知道这是爸爸的幽默，但是，她却从爸爸的幽默中看到了爸爸的坚强和乐观，看到了爸爸的伟大和不凡。

坎坷情感之路

曼德拉可以称得上是一位"完美的政治家"，但他的个人生活却并不美满。除了一再经历"白发人送黑发人"的丧子之痛，情感经历也十分坎坷。1941 年，23 岁的曼德拉认识了第一位夫人伊芙琳，两人一见钟情，很快就结了婚。

1952 年，从小就立志当律师的曼德拉终于取得了律师资格证书，他很快就投身到反种族隔离的运动中去。繁忙的工作使他难以照顾到妻子和幼小的三个孩子。在他担任非洲人国民大会全国副主席后，他们的婚姻关系也走到了尽头。伊芙琳向曼德拉发出最后通牒：在"非国大"和她两者之间选择一个。结果，曼德拉选择了前者。就这样，曼德拉的第一次婚姻结束了。

曼德拉与伊芙琳共育有 3 个孩子，一个女儿，两个儿子。1969 年，儿子马迪巴·撒姆贝基尔死于车祸。

1956 年，22 岁的温妮·弗莱在法庭上第一次见到曼德拉，当即被这位身材魁伟、仪表堂堂的律师所吸引。1958 年 6 月，正受"叛国罪"审判的曼德拉获准离开约翰内斯堡与温妮结婚，保释候审只有 4 天时间。传统婚礼才进行一半，曼德拉就被带回法庭受审。在此期间，曼德拉常常乔装打扮，与新婚妻子偷偷见面。

1990 年 2 月 11 日，被囚禁了 27 年的曼德拉终于重获自由，他渴望享受家庭的温情，却发现妻子温妮已经变了一个人。在婚后的 31 年里，温妮独自一人将孩子抚养成人，南非政府不断对她拘留、监禁、流放，这种动荡的生活使她养成了酗酒的恶习。考虑到多年的独居生活和南非政府的持续迫害给温妮身心造成的创伤，曼德拉企图以宽容抚慰温妮。可温妮我行我素，酗酒闹事，还公然交往了一位 29 岁的情人。曼德拉忍无可忍，断然撤销了温妮的部长职务，并与其分居。1996 年，曼德拉与温妮的婚姻终于走到了尽头。

　　1996 年，在法国巴黎的一次正式宴会上，78 岁的曼德拉一语惊人："我再次坠入了爱河。"在众人惊愕的目光中，曼德拉满脸幸福地公布了与莫桑比克前总统马歇尔遗孀格拉萨的恋情。

　　曼德拉与格拉萨在 1991 年才首次见面，但他们之间的关系却可追溯到 20 多年前。那时，格拉萨的丈夫是莫桑比克民族解放阵线的领导人，为营救曼德拉做了大量工作。因此，曼德拉也成了格拉萨 7 个孩子的教父。两年前，格拉萨的女儿祖齐娜考入南非约翰内斯堡大学，教父曼德拉的家自然就成了她的落脚点，而她的母亲也经常前来探望女儿。逐渐地，曼德拉与格拉萨从相识到相知，又从相知发展到相恋。

　　1998 年，在曼德拉 80 岁生日那天，与 50 岁的格拉萨举行了盛大的婚礼。他们在南非首都约翰内斯堡郊外买了一栋漂亮的住宅，计划在这个新家中度过退休后的大部分时光。

第八章　困境能使一个人变得坚强